《宁夏电网风害防治技术及典型案例分析》

编 委 会

主　　编	季宏亮
副 主 编	何建剑　齐　屹　甄建辉　严南征　唐茂林　康文军　刘世涛 杨佳睿
委　　员	任大江　张　维　巩鑫龙　王　龙　李钧超　张　辰　陈　丹

编审人员

审查人员	屈高强　张铃珠　闫志杰　任凤琴　孟旭红　杨　凯　尤　菲 丁丽霞　岳一骁　李佳怡　黄　瑞　张生艳　苏青青　豆利龙 陈　娜　刘建宁
起草人员	殷鹏飞　张　维　巩鑫龙　任大江　王　龙　刘建宁　黄　瑞 王宝真　张小宁　李智飞　王金虎　罗正林　李　敬　肖成刚 熊国栋　张　健　冯迎春　陶　星　赵　明　包克俭　陶祥博 左　卿　李建鑫　冯耀亮　李钧超　张　辰　陈　丹　张源源 梁金录

宁夏电网风害
防治技术及典型案例分析

NINGXIA DIANWANG FENGHAI

FANGZHI JISHU JI DIANXING ANLI FENXI

国网宁夏电力有限公司经济技术研究院 编
宁夏回族自治区电力设计院有限公司

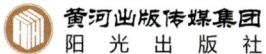
黄河出版传媒集团
阳 光 出 版 社

图书在版编目（CIP）数据

宁夏电网风害防治技术及典型案例分析 / 国网宁夏
电力有限公司经济技术研究院，宁夏回族自治区电力设计
院有限公司编.-- 银川：阳光出版社，2024.12.
　　ISBN 978-7-5525-7545-3

　　Ⅰ. TM727.2

中国国家版本馆CIP数据核字第2024AR5900号

宁夏电网风害防治技术及典型案例分析

国网宁夏电力有限公司经济技术研究院　宁夏回族自治区电力设计院有限公司　编

责任编辑　赵维娟
封面设计　石　磊
责任印制　岳建宁

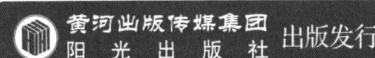

出 版 人　薛文斌
地　　址　宁夏银川市北京东路139号出版大厦（750001）
网　　址　http://ssp.yrpubm.com
网上书店　http://shop129132959.taobao.com
电子信箱　yangguangchubanshe@163.com
邮购电话　0951-5047283
经　　销　全国新华书店
印刷装订　宁夏银报智能印刷科技有限公司
印刷委托书号　（宁）0031161

开　　本　787 mm×1092 mm　1/16
印　　张　6.25
字　　数　100千字
版　　次　2024年12月第1版
印　　次　2024年12月第1次印刷
书　　号　ISBN 978-7-5525-7545-3
定　　价　58.00元

目　录

第1章　概述 / 001

　　1.1　大风故障及其分类 / 001

　　1.2　大风故障防治研究现状 / 002

第2章　风区分布及大风的形成 / 006

　　2.1　风的种类 / 006

　　2.2　宁夏风区分布特点 / 012

　　2.3　典型风灾事件 / 023

第3章　架空输电线路大风故障特征 / 025

　　3.1　总体情况 / 025

　　3.2　主要特征 / 027

第4章　宁夏石嘴山微地形、微气象区风场特性研究 / 035

　　4.1　石嘴山地区整体区域风场特性研究 / 035

　　4.2　石嘴山地区微地形区域风场特性研究 / 038

　　4.3　小结 / 042

第5章　差异化防治策略 / 043

　　5.1　预防措施 / 043

　　5.2　治理措施 / 056

第6章　典型案例分析 / 081

　　6.1　某220 kV 线路大风倒塔故障 / 081

　　6.2　某220 kV 线路风偏跳闸故障 / 086

　　6.3　某750 kV 线路异物短路故障 / 090

第7章　结论 / 096

第1章　概述

1.1　大风故障及其分类

1.1.1　定义

架空输电线路大风故障是指大风影响输电线路的安全运行。风是空气流动引起的自然现象，究其原因是太阳辐射引起的大气运动。风的类型众多，如阵风、旋风、山谷风、海陆风、冰川风、季风、信风等。由于输电线路绝大部分位于大陆，因此风害造成输电线路故障是输电线路最常见的故障类型之一。

1.1.2　特点

大风一般发生在冬春季节，有时夏季雷雨季节也会伴有短时大风，大风天气多发生风偏故障和外力故障，这两种故障在保护上一般表现为重合不成功。

大风天气掉闸后应首先对故障线路的地形、地貌、杆塔荷载、线间距离等进行简单回忆、分析。风偏故障有导线对杆塔构件放电和导线因舞动对相邻导地线放电两种形式，常见的是导线对杆塔构件放电。风偏故障多发生在高山大岭和无阻拦物的平原，注意有些杆塔虽位于谷底或半山腰，但由于向风的山谷易形成狭管效应而加剧风速，导致风偏故障。

大风天气故障时也应考虑外力故障的可能。一方面可能存在超过导线的建筑物、构筑物、高大机械等不满足风偏距离的情况，在风力的作用下容易导致导线对这些物件放电；另一方面线路走廊内有固定情况不好的遮盖物、晾晒物等随大风刮起，飘落于导线或杆塔之上引起放电，如广告布、塑料布、床单等。

1.1.3 风害故障的分类

1.1.3.1 倒塔断线故障

输电线路杆塔、导线、地线等元件受到风力作用，导致荷载超过杆塔或导线极限荷载造成杆塔倒塌、导地线断线故障。这是风害最为严重的后果。

1.1.3.2 风偏闪络

输电线路在大风雷雨天气，由于强风使导线风偏角过大，同时暴雨降低了空气间隙的放电电压，加上设计裕度不足，使输电线路在以大风为特征的气象条件下发生的闪络跳闸称为输电线路的风偏闪络。

1.1.3.3 异物短路

大风吹倒树木压在导线上，或大风使线路附近的广告布、遮阳布和其他漂浮物在空中飘浮，遇到输电线路时，悬挂在导线和杆塔上，造成线路跳闸而停运。

1.2 大风故障防治研究现状

为了使输电线路在大风情况下也能正常运行，人们开始想办法对输电线路风偏运动进行防治。其防治措施主要分为两类：第一类是通过加装重锤或缩短绝缘子串长度等调整静力学风偏计算公式中一些特征参数从而达到减小风偏角的目的；第二类是通过加装拉线、绝缘子串等外物，限制导线挂点的自由度，从而起到抑制风偏位移的效果。详见图1-2-1。

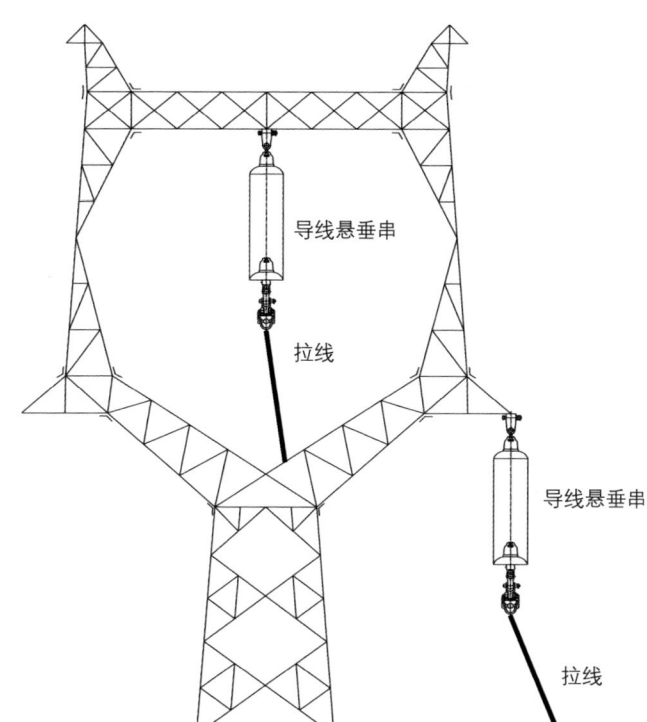

图1-2-1 加装拉线限制导线挂点自由度

针对大风故障防治问题多名学者通过论文等方式提出不同的处理措施。《500 kV 侯临线286号风偏故障分析》中，刘焕明针对500 kV 侯临线风偏放电事故，提出缩短绝缘子串组装长度与加装重锤两种办法。《利用重锤抑制悬垂绝缘子串风偏的方法及应用》中，胡方镝从设计角度介绍悬垂绝缘子串摇摆角的计算方法、安装重锤的方式，并通过工程实例介绍在线路改造工程中安装重锤的设计应用。《对采用重锤来改善直线杆塔绝缘子串风偏的看法》中，陈勉、张鸣通过理论分析和实例计算，认为给悬垂线夹下面安装重锤来抑制风偏，虽有一定效果，但并不十分理想，为此，其提出了相应的解决方法，并指出在设计中不应盲目采用重锤来抑制直线杆塔绝缘子串风偏。江慧聪在《220 kV梧侣变"8·29"故障分析与处理》中针对李梧线遭受强热带风暴袭击，线路对塔身放电现象进行了事故分析，提出将单悬垂绝缘子串改用双悬垂绝缘子串能大大提高其稳定性，从而避免风偏事故的发生。杨振谷与郎需军等在《V形绝缘子串的受力与摆动分析》和《V形悬垂绝缘子串工程设计计算》中，讨论了用V形绝缘子串代替悬垂绝缘子串以减小风偏角的措施，并指出如果再在V形绝缘子串上设置阻尼器，可获得更好的效果，详见图1-2-2。周丹在《110 kV送电线路转角塔中相跳线风偏故障分析》中，对110 kV送电线路多次发生的耐张转角塔中相跳线风偏闪络提出了改进措施，将向下的耐张线夹尾部引线改为水平方向引线，适当减小及调整跳线弧垂，避免由于跳线张力小，在斜向风时跳线管左右摆动。弓建新等在《220 kV输电线路JG1型塔中相跳线风偏问题的探讨》中认为，处于高山、峡谷、山口等特殊地段的杆塔所承受的风力超过目前的设计标准，是造成近年来风偏故障的主要因素之一，建议结合运行经验，在高山、山口、峡谷等特殊地带，适当放宽设计裕度，并加重锤、拉线等，提高防风能力。国网石嘴山供电公司运维部门《国网宁夏电力公司2005—2017年石嘴山地区35~220千伏输电线路风害跳闸分析报告》中将双联悬垂串改装成"八"字串，在满足爬电距离要求的情况下限制了绝缘子串的自由度，以达到减小风偏角的目的，详见图1-2-3。卢钢等在《220 kV线路故障分析及应对措施》中，针对线路的风偏闪络问题提出了将杆塔用绝缘热缩胶带缠绕或采用绝缘热缩套管避免电气间隙的不足，或将耐张引流更换为硬质铝棒，从而减小风偏角度。此外，220 kV及以下线路耐张塔普遍采用垂直固定式防风偏跳线复合绝缘子，通过将芯棒加粗的整支复合绝缘子跳线串固定在铁塔上，跳线风偏角度可控制在16°以内，且无需配重锤压缩塔头尺寸，缩短跳线支架长度，可有效避免由于跳线风偏引起线路跳闸。

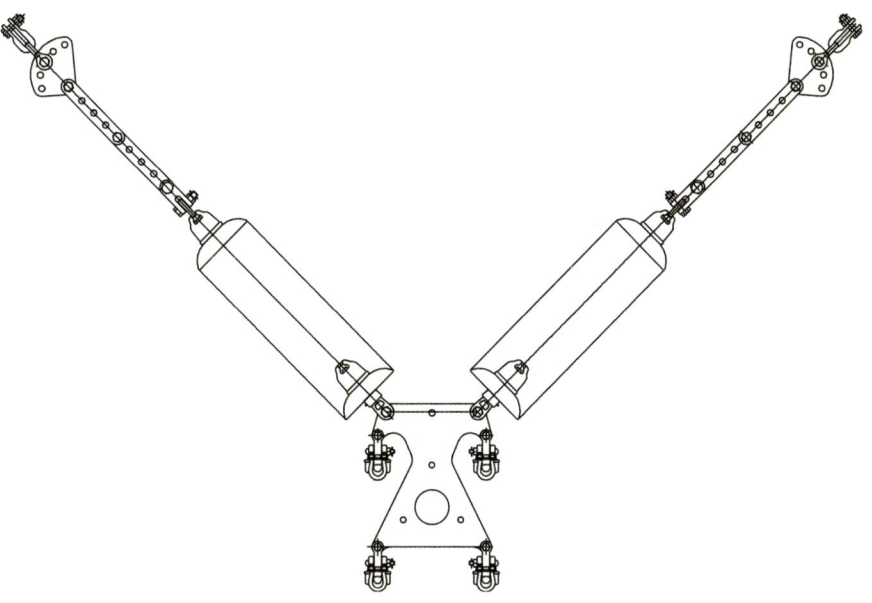

图1-2-2 V形绝缘子串

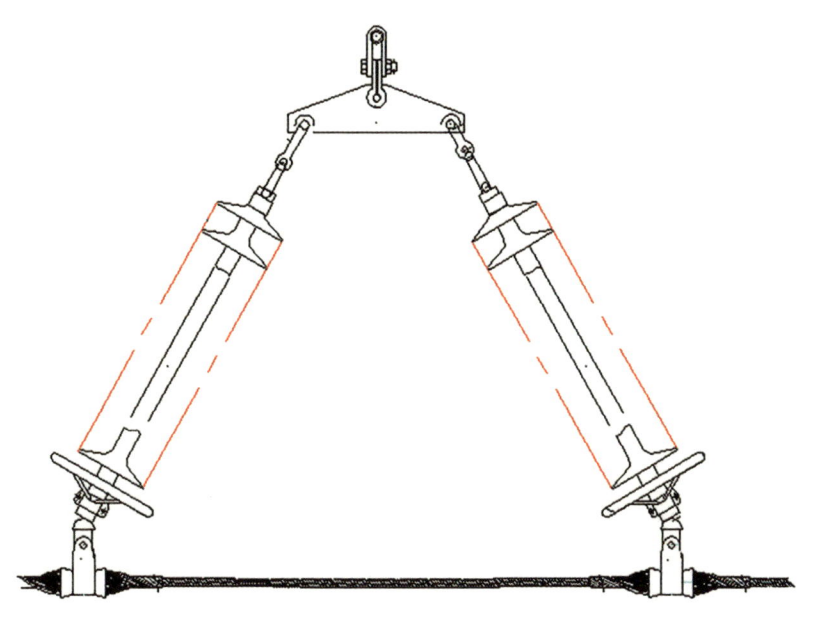

图1-2-3 "八"字绝缘子串

第2章 风区分布及大风的形成

2.1 风的种类

风是由空气流动引起的一种自然现象，它是由太阳辐射热引起的。太阳光照射在地球表面，使地表温度升高，地表的空气受热膨胀变轻而往上升。热空气上升后，低温的冷空气横向流入，上升的空气因逐渐冷却变重而降落，由于地表温度较高又会加热空气使之上升，这种空气的流动就产生了风。由于风速大小和方向、湿度及地域等的不同，会产生许多类型的风，如阵风、旋风、焚风、台风、龙卷风、飑线风、山谷风、海陆风、冰川风、季风、信风等。对输电线路造成危害的风主要有台风、飑线风、龙卷风、地方性风等。

2.1.1 台风

台风发源于热带海面，温度高，大量的海水被蒸发到了空中，形成一个低气压中心。随着气压的变化和地球自身的运动，流入的空气旋转起来，形成一个逆时针旋转的空气旋涡，即热带气旋。只要气温不下降，热带气旋就会越来越强大，最后形成台风。

我国地处亚欧大陆的东南部、太平洋西岸，属台风多发地区，尤其是东南沿海的广东、福建、浙江、海南、台湾等省。历史资料统计，1949—2010年登陆我国的热带气旋共561场、台风203场。其中90%以上的热带气旋和台风于东南部的广东、台湾、海南、福建、浙江、广西6省登陆。沿海地区的线路跳闸数据表明，台风灾害引起的线路故障已占到跳闸总数的约30%。调查发现，高压输电线路的台风风灾事故可分为以下几类：跳线（含跳线串）风偏闪络跳闸、悬垂串风偏闪络跳闸、断股、断线、掉串、倒塔等，其中以风偏闪络居多，严重时造成倒塔事故。

台风来临时空气中夹杂的水汽、雨水所形成的水线也会缩小空气间隙，使闪络电压降低，从而更有利于风偏闪络的发生。此外，台风所产生的虹吸效应也加剧了风偏闪络。当台风作用于送电线路时，台风的旋转风及向上抽吸的虹吸效应将使导线承受强大的水平风荷载和上拔风荷载，其中水平荷载和上拔荷载均会加剧风偏角。现有设计规范的内陆风计算模型并未考虑台风的这种动态作用效果，而是统一转换为静态计算，并考虑一定的修正系数。

在台风的作用下，杆塔顺线路方向两侧承受悬殊的横向水平力，易发生倾倒。在台风登陆点附近的沿海地区，面向海口、高山上风口处的线路杆塔，以及台风登陆后在台风前进方向和旋转的上风处的线路杆塔，在台风作用下多出现倾倒，特别是线路方向与台风方向接近垂直的杆塔倒塌最多。台风一般都会带来暴雨，暴雨还可能引发洪涝。洪涝的破坏主要表现为：洪水冲刷杆塔基础，低洼地带杆塔长时间浸泡在水中，滞洪区内杆塔遭受水流过急的洪水冲击，杆塔周边山体发生泥石流或山体滑坡。以上这些情况都较易引起线路杆塔基础受损而造成杆塔倾倒，或因杆塔本身受冲击而倾倒。

2.1.2 飑线风

飑线风属于雷暴的一种。如果上升空气中的水蒸气凝结产生了大规模降雨，则雨滴将对其通过的空气施加黏滞曳力，并引起很强的下沉气流。部分降水将在低层大气中蒸发，使那里的大气变冷而下沉。下沉的冷气流在地面上以壁急流（即急流撞击壁面形成的气流）形式扩散，从而形成飑线风。

飑线风是由若干雷雨云单体排列形成的一条狭长雷暴雨带。大量分析表明，飑线的水平长度为几十千米到几百千米，宽度为一到几千米，持续时间几十分钟到十几小时。通常飑线经过之处，风向急转，风速急剧增大，并伴有雷雨、大风、冰雹、龙卷风等灾害性天气，有突发性强、破坏力大的特点。

飑线风沿高度变化的分布与普通的近地风不同，前者呈现出中间大、两头小的葫芦状分布。根据不同的模型得到的飑线风风速沿高度的分布情况可以看出，其风速沿高度的分布明显区别于良态近地风，飑线风风速从地表开始急剧增大，在距离地面大约60 m高度处达到最大，然后随着高度的增加又迅速减小。由于目前500 kV输电线路的导地线位于20~60 m的高处，该高度也是飑线风的风速急剧增加达到最大的高度，因此飑线风是对高压输电线路威胁最大的一种强风暴。

飑线风的破坏特点：飑线风是小区域强冷空气从空中高速砸下形成的，气流是向外的，即离开风着地点的方向，就像一个高压水龙头的水垂直喷向地面以后向四周飞溅，这是它与龙卷风的不同之处。龙卷风是向中心方向运动的气流，在其所造成的破坏现象中可以看到非常明显的向一个中心旋转的迹象，例如，树木以及附近植物的倒伏方向呈现明显的旋转。

飑线风对输电线路的威胁和破坏是非常大的。据文献统计，输电线路的风害绝大多数是由飑线风引起的。虽然飑线风所造成的破坏是在局部出现，但对于长度几百公里且位于野外的输电线路而言，其遭受袭击的概率还是比较高的。

飑线风破坏输电线路的主要后果是输电塔的风偏跳闸和杆塔损坏。

2.1.3 龙卷风

地面上的水吸热变成水蒸气，上升到蒸汽层上层，由于蒸汽层下面温度高，下降过程中吸热，再度上升遇冷，再下降，如此反复气体分子逐渐缩小，最后集中在蒸汽层底层，在底层形成低温区，水蒸气向低温区集中，就形成云。云团逐渐变大，云内部上下云团温差越来越小，水蒸气分子升降程度越来越大，云内部上下对流越来越激烈，云团下面上升的水蒸气直线上升，水蒸气分子在上升过程中受冷体积越缩越小，呈漏斗状。水蒸气分子体积不断缩小，云下气体分子不断补充空间便产生了大风。由于水蒸气受冷体积缩小时，周围补充空间的气体来时不均匀便形成龙卷风。

龙卷风是大气中最强烈的涡旋现象，常发生于夏季的雷雨天气，尤以下午至傍晚最为多见，影响范围虽小，但破坏力极大。龙卷风直径从几米到几百米都有，平均为250 m左右，最大为1 km左右。在空中直径可有几千米，最大有10 km。极大风速每小时可达150 km到450 km，龙卷风持续时间，一般仅有几分钟，最长不过几十分钟。

龙卷风是一种极强烈而威猛的旋风。有人把发生于陆地的称陆龙卷，发生在海上的称为水龙卷。它与低气压和旋转风向有关，是暴烈的气象灾害之一。

与飑线风破坏后果相似，龙卷风对输电线路的危害后果是输电塔的倒塔和风偏跳闸。此外，还会影响线路走廊和电网通信等。龙卷风吹起的杂物和线路走廊摇摆的树木造成输电线路、变电所母线设备较易发生放电现象。

龙卷风在破坏输电线路的同时，往往也对更加脆弱的通信线路造成更加严重的破坏。一方面，龙卷风依靠强劲风力直接作用于通信线路导致倒杆断线；另一方面，龙卷风刮倒通信线路附近的树木、建筑物等对通信线路造成间接破坏。同时，龙卷风还会对位于变电所、发电厂的微波天线产生破坏，使其歪倒或弯折,从而干扰通信信道,导致通信质量下降甚至通信中断。

2.1.4 地方性风

地方性风是指因特殊地理位置、地形或地表性质等影响而产生的带有地方性特征的中、小尺度风系,常由地形的动力作用或地表热力作用引起。主要有海(湖)陆风、山谷风(坡风)、冰川风、焚风、布拉风和峡谷风等。造成危害的地方性风主要有山谷风、布拉风、峡谷风等。

我国西北地区受山谷风和峡谷风的危害比较严重,以新疆为例,全新疆主要有阿拉山口、三十里、罗布泊、哈密南戈壁、百里、北疆东部、准格尔西部、额尔齐斯河西部八大风区。这些风区多为风口、峡谷、河谷,且呈孤岛分布,最大风速超过12级。大风以春夏季居多,春季冷暖空气交替频繁,地区间气压梯度加大,常出现强劲的大风;夏季气层不稳定,多阵性大风;冬季大风最多的地方是河谷隘道和高山地带。

2.1.4.1 山谷风

在山区,由热力原因引起的白天由谷地吹向山坡、夜间由山坡吹向谷地的风,前者称为谷风,后者称为山风。日出后,山坡升温较快,温度高于山谷上方同高度的空气温度,坡地上的暖空气不断上升,并从山坡流向谷地上方,谷底的空气则沿山坡上行补充流失的空气,故在山坡与山谷间产生热力环流,这时由山脉向山坡的风,称为谷风。夜间,山坡因辐射冷却,其降温速度比同高度的山谷空气要快,冷空气滑坡地向下流入山谷,形成一个与白天相反的热力环流,这时由山坡吹向山谷的风,称为山风。山风强度一般比谷风弱。山谷风是山区经常出现的一种局地环流,只要大范围气压场比较弱,就有山谷风出现,有些高原和平原的交界处,也可以观测到与山谷风相似的局地环流。

2.1.4.2 峡谷风

峡谷风是由地形的峡谷效应（"狭管效应"）产生的。当气流由开阔地带流入峡谷时，由于空气质量不能大量堆积，于是加速流过峡谷，风速增大。当流出峡谷时，空气流速又会减缓。这种地形峡谷对气流的影响称为"狭管效应"。因狭管效应而增大的风，称为峡谷风或穿堂风。

液体在管中流动，经过狭窄处时流速加快。气流在地面流经狭窄地形时类似液体在管中的流动，流速也会加快，并因气体具有可压缩性，密度也会增大。地球上山地的许多风口和许多地方出现的地形雨都与气流经过狭窄地形密切相关。

例如，新疆阿拉山口是一个典型的峡谷地形。阿拉山口位于巴尔鲁克山、玛依勒山和阿拉套山构成的乌郎康勒谷地，呈西北—东南走向，是一狭长的气流通道。阿拉山口是冷空气进入新疆的重要通道，当冷空气入侵新疆时，由于狭管效应，很容易形成强劲的西北风，风力在入山口处最大。全年大风日数154天，年最大风速44 m/s。

从新疆大风分布情况来看，北疆西部和西北部、东疆、南疆东部以及喀喇昆仑山、天山的高山区是年大风日数的高值区。其中南北疆气流通道的达坂城大风日数最多，年平均159天，最多一年高达202天，这些地区可以用"一年一场风，从春刮到冬"形象概括。其次是准噶尔盆地西部的阿拉山口，年平均154天，最多一年188天。年平均大风日数超过100天的地区，还有准噶尔盆地与塔城盆地气流通道的老风口、吐鲁番盆地西北部的三十里风区、哈密北部的三塘湖—淖毛湖戈壁、兰新铁路沿线十三间房一带的百里风区以及喀喇昆仑山等地，东疆十三间房—三塘湖—淖毛湖一线也达到了90~100天。

地方性风对电网造成的灾害主要以风偏跳闸居多。此外，还造成许多金具磨损断裂、绝缘子伞裙破损等故障，严重影响电网安全。

2.1.5　其他风

对输电线路造成危害的不仅有台风、飑线风等大风，风速稳定的微风也会对输电线路造成危害。当0.5～10 m/s的稳定风速吹向导线时，会引起导线的微风振动，造成导线和金具的疲劳，严重时引起导地线断股、金具损坏等事故。

2.2　宁夏风区分布特点

宁夏的地形比较复杂，西、北、东三面分别由腾格里沙漠、巴丹吉林沙漠和毛乌素沙漠相围，南与黄土高原相连。黄河由甘肃境内流入宁夏中卫，由南向北至石嘴山流出，黄河两岸为冲积平原，地形地貌大致可以分为黄土高原、鄂尔多斯台地、黄河两岸的冲积平原和沿山地区的洪积扇，以及贺兰山、六盘山、罗山等山地。地形南北狭长，地势南高北低，西陡东缓。地貌由南部的流水侵入地貌向北部的风蚀地貌过渡。宁夏的风资源状况受大气环流和地理环境的影响较大。宁夏平原多偏北风和偏南风，与贺兰山及黄河河谷的走向一致，固原地区多东南风和偏南风，也与六盘山走向一致。

从大气环流来看，宁夏地处中纬度，全年主要受西风环流影响，但在夏半年也受夏季风环流边缘影响，风向有较明显的季节性变化。冬半年处在蒙古冷高压控制之下，绝大部分地区以北风和偏西风为主。夏半年受大陆热低压影响，全区各地以东南风和偏南风为主。

2.2.1　风向的分布特点

2.2.1.1　年风向

引黄灌区南部的沙坡头区、中宁等地全年偏东风和偏西风频率较大，其中东风频率最大，为15.0%左右；其余大部地区偏北风频率较大，其中大武口区各风向频率差别较小，最大为西南偏南风，频率为6.8%；银川东北偏北—东北偏东风区间各风向频率在7%以上，累计超过25%，北风频率最大，为9.9%；利通区各风向频率差别不大，东北偏北—北风、西北偏西—西南偏西风、东南偏南—东南风三个区间各风向频率超过5%，累积频率52.4%，其中西风频率最大，为10.2%。

中南部大部地区以东南风及西北风、西风频率较大，如盐池西风频率最高，为11.0%；同心东南偏南—东南偏东风区间累积频率达45.2%，其中东南风频率高达22.0%；原州区和泾源分别在西北偏北—西北风和东南偏南—东南偏东风、西北偏北—西风和东南偏南—东南风风向累积频率为44%和63.7%，均为东南风频率最大，分别为9.6%和13.4%。

各地静风频率均在10%以上，沙坡头区达到23.2%，为全区最高。

2.2.1.2　四季风向

春季是冬、夏季节的转换季节，宁夏位于势力衰退的蒙古冷高压南缘，同时又处于冷暖不同性质气团的交汇位置，气旋活动开始频繁，大部分地区以偏北风和偏南风频率较高。从具有代表性的春季4月风向看，宁夏各地风向频率分布与年风向频率分布较为一致，引黄灌区的大武口区、惠农、平罗等地西北偏北风频率最高，为8.2%~14.5%，其他地区东风或东北偏北风频率最高，在7.9%~10.1%；中部干旱带频率最高的风向各地差异较大，盐池为西北偏西风，同心为东南风，海原为西北风，频率在9%~19.8%；南部山区的原州区西北偏北风频率最高，其他地区南风频率最高，在8%~12.0%。

夏季整个亚洲大陆受热低压控制，气压梯度场由海洋指向内陆。宁夏大部以偏南风为主。从具有代表性的夏季7月风向看，引黄灌区的大武口区、惠农区以西南偏南风频率最高，其他大部分地区以南风频率最高，介于9%~17%；中部干旱带大部以东南风频率最高，为8.5%~24.3%；南部山区以南风或东南风频率最高，介于10%~16%。

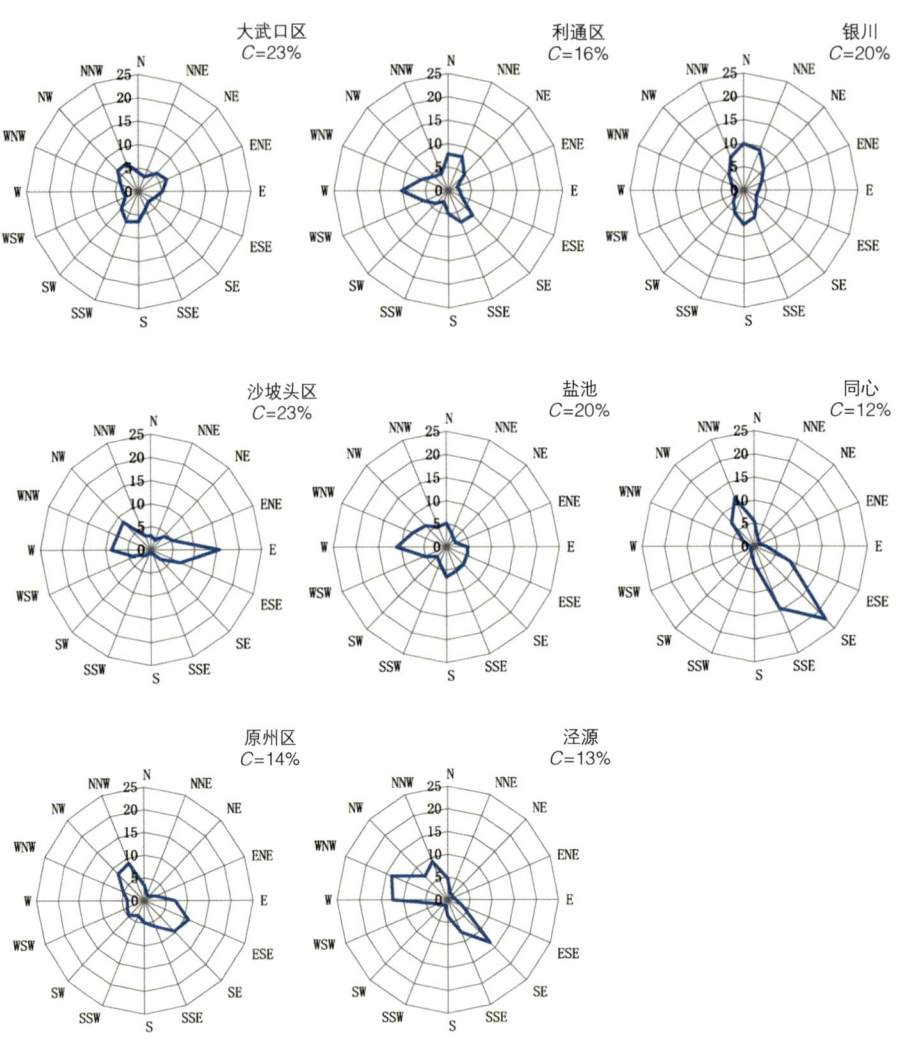

图2-2-1　宁夏代表站年平均风向频率玫瑰图
（C为静风，下同）

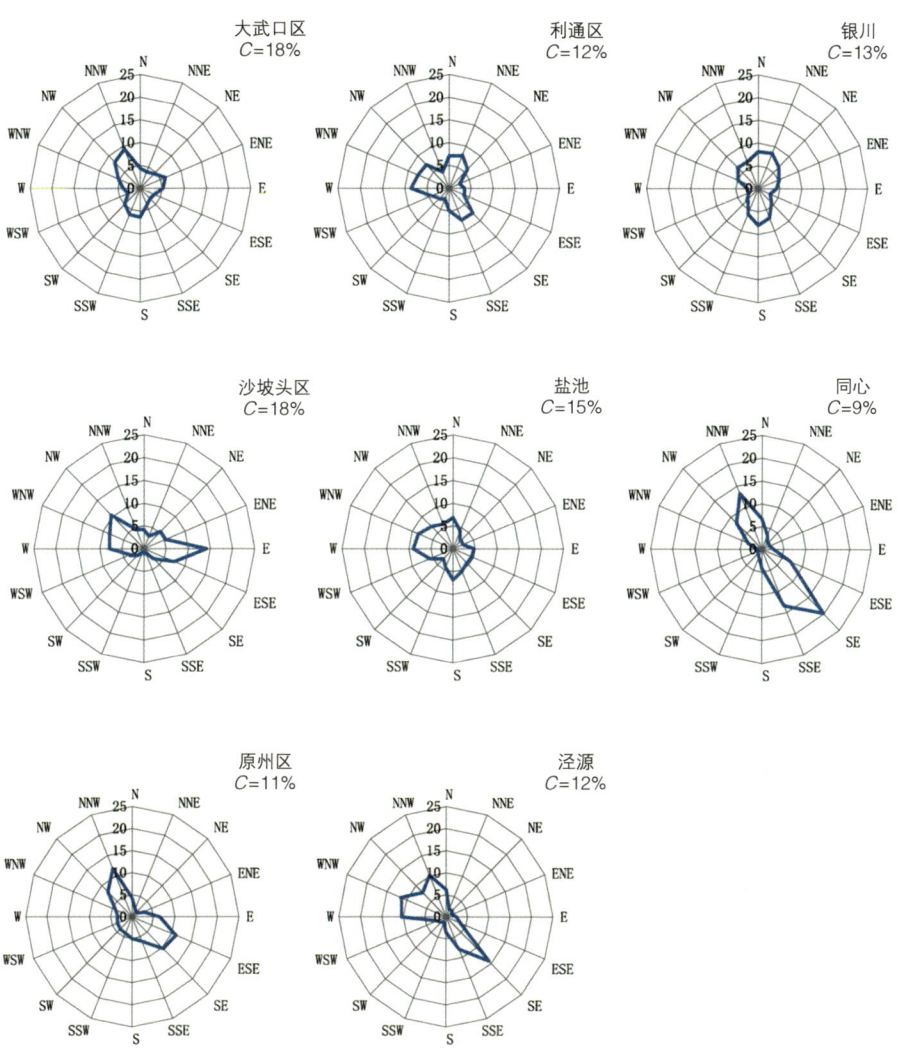

图2-2-2 宁夏代表站春季平均风向频率玫瑰图

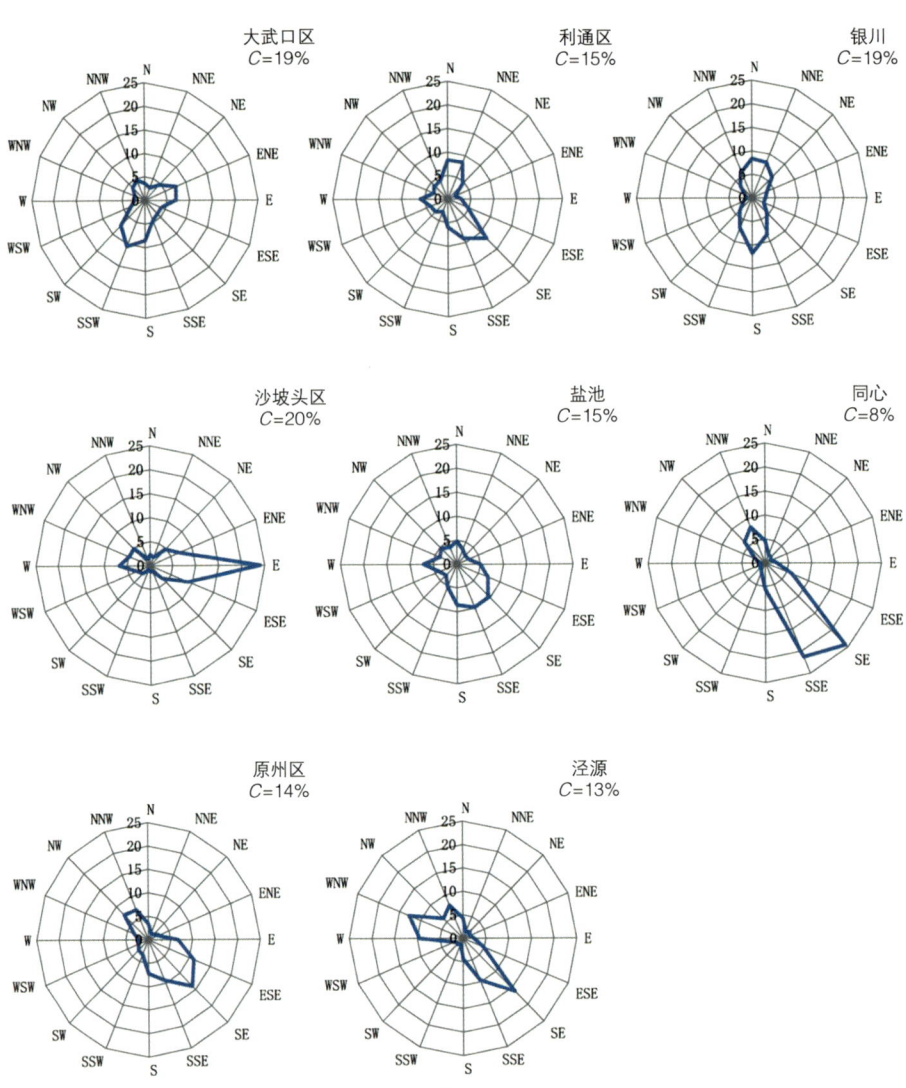

图2-2-3　宁夏代表站夏季平均风向频率玫瑰图

　　秋季是夏季风和冬季风的交替季节，各地盛行风向差异较大。从具有代表性的秋季10月风向看，宁夏各地风向频率分布与年风向频率分布较为一致，引黄灌区的中卫以东风频率最高，其他地区以西北风—东北风频率较高，在7%~14%；中部干旱带的盐池西风频率最高，其他地区东南风频率最高，在9%~25%；南部山区的西吉西风频率最高，为9.6%，其他地区以东南风或东南偏东风频率最高，在13%~18%。

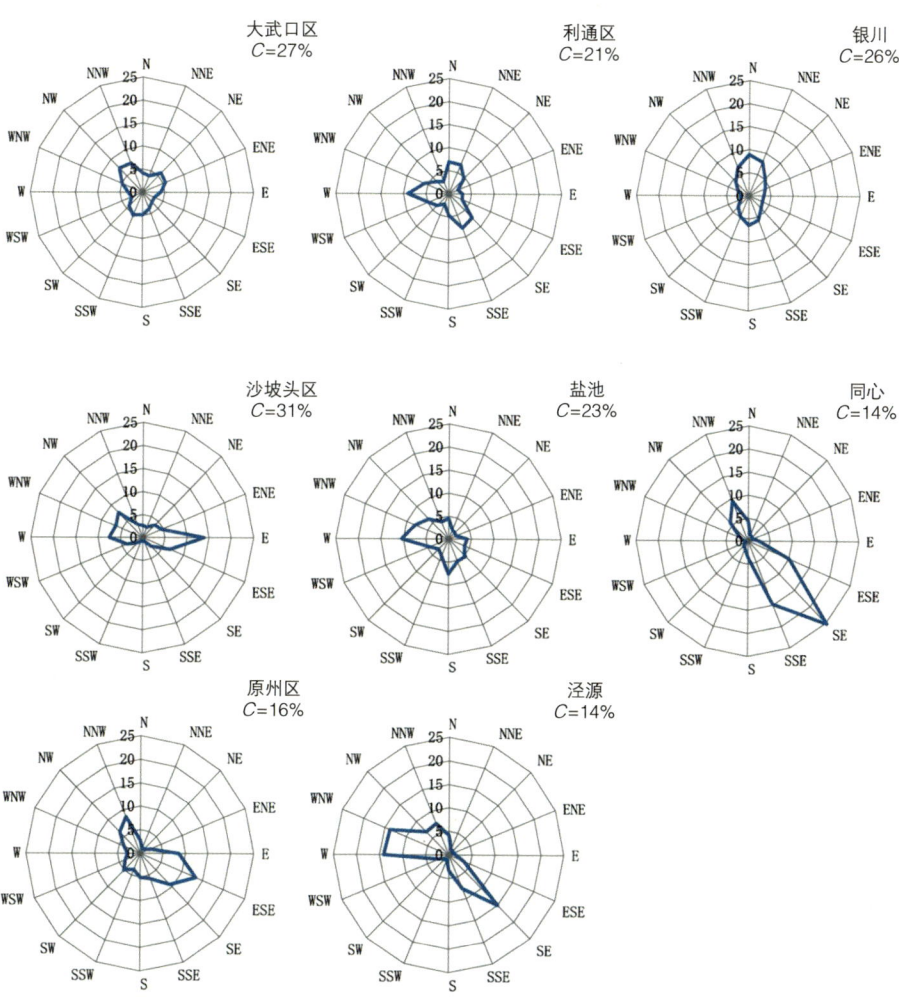

图2-2-4　宁夏代表站秋季平均风向频率玫瑰图

冬季整个亚洲大陆受蒙古高压控制，是冷高压的鼎盛时期，宁夏位于冷高压西南边缘，是东亚寒潮南下的通道，因此冬季多盛行偏北风或偏西风。从具有代表性的冬季1月平均风向看，引黄灌区最高风向频率在8%～17%；中部干旱带最高风向频率在10%～20%；南部山区最高风向频率在10%～21%。

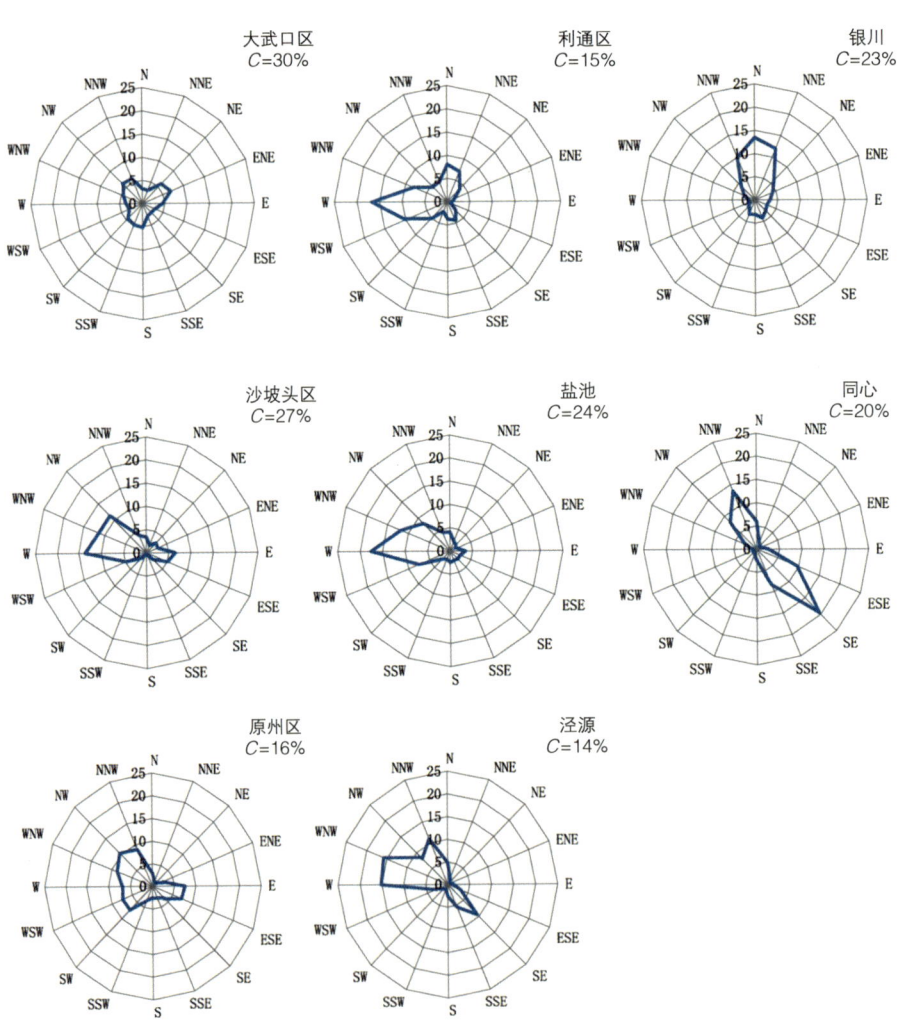

图2-2-5　宁夏代表站冬季平均风向频率玫瑰图

2.2.2　平均风速的分布特点

2.2.2.1　年平均风速

宁夏全区年平均风速为2.6 m/s，各地风速在1.9～6.0 m/s，北部的贺兰山脉、中部地区的香山—罗山—麻黄山、南部山区的西华山—南华山—六盘山区风速较大，其中六盘山区附近大于4.0 m/s，六盘山为6.0 m/s。引黄灌区年平均风速为2.4 m/s，大部地区在3.0 m/s以内；中部干旱带和南部山区年平均风速较大，分别为3.1 m/s和3.2 m/s。

2.2.2.2　四季平均风速

宁夏四季平均风速的空间分布特征基本与年平均风速分布特征一致，引黄灌区较小，中南部较大，且各地差别不大。在时间分布上，春季风速最大，全区平均为3.2 m/s；夏季次之，为2.7 m/s；冬季为2.6 m/s；秋季最小，为2.5 m/s。各季节均为六盘山最大。

春季是一年中风速最大的季节，各地平均风速为2.4～6.3 m/s，引黄灌区大部在3.0 m/s以下。引黄灌区平均风速为2.4 m/s，中部干旱带和南部山区分别为3.1 m/s和3.2 m/s。

夏季各地平均风速为2.0～5.7 m/s，中北部大部在3.0 m/s以下。引黄灌区平均风速为2.8 m/s，中部干旱带和南部山区分别为3.5 m/s和3.6 m/s。

秋季天气稳定，气候凉爽，是全年风速最小的季节。全区各地平均风速为1.7～5.8 m/s，大部地区在3.0 m/s以下。引黄灌区平均风速为2.1 m/s，中部干旱带和南部山区平均风速分别为2.8 m/s和2.9 m/s。

冬季各地平均风速为1.6～6.2 m/s，中北部大部在3.0 m/s以下。引黄灌区平均风速为2.3 m/s，中部干旱带和南部山区分别为2.9 m/s和3.1 m/s。

2.2.2.3　平均风速年变化

宁夏全区各地平均风速年变化都为双峰型，谷值出现在1月或9月，1—4月、9—11月风速逐渐增大，峰值出现在4月或11月，5—10月逐渐减小。

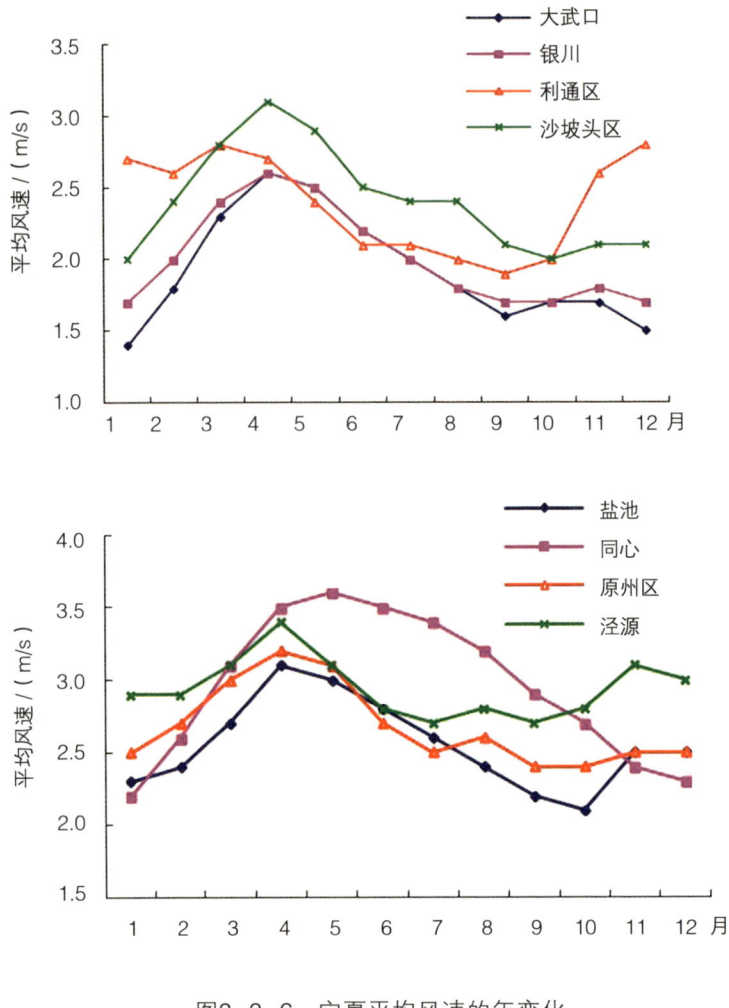

图2-2-6　宁夏平均风速的年变化

2.2.3　大风的分布特点

2.2.3.1　大风日数

瞬时风速达到或超过17 m/s（或者是目测估计风速达到或者超过8级）的风，称为大风。当某一日中有大风出现，则该日记为1个大风日数。

　　宁夏大风日数空间分布不均，分布特点与地形有很大的关系。山区大风日数较多，风速较大，大值区出现在贺兰山区、麻黄山、香山和六盘山区，日数超过40，除高山站外宁夏北部的惠农最多。其他大部地区大风日数为10～20 d，南部山区的隆德最少。

2.2.3.2　最大风速和极大风速

　　最大风速是指给定时段内的10分钟平均风速的最大值。极大风速是指定时段内的瞬时风速的最大值，具有较强的局地性。

　　宁夏全区各地的年最大风速在17.3～30.0 m/s，由于局地性强，其分布与平均风速分布有所不同，最大值出现在北部的贺兰山，为38.7 m/s，其次为北部的惠农和中部的麻黄山，均为30.0 m/s，银川为28.0 m/s，仅次于上述各地，其他大部地区在26.0 m/s以下。各地年极大风速在24.8～43.8 m/s，北部的贺兰山区、大武口区、惠农和中部的沙坡头区、中部干旱带的海原和麻黄山，以及六盘山在30.0 m/s以上，六盘山最大，为43.8 m/s。

2.2.3.3　大风年变化特征

　　宁夏全区大风日数多集中在春季，尤其4月最多，均在2 d以上（六盘山为12.9 d），春季大风日数占全年的45.7%。7—9月最少，基本在1 d以下，其他月份平均在1.5 d左右（详见图2-2-7）。

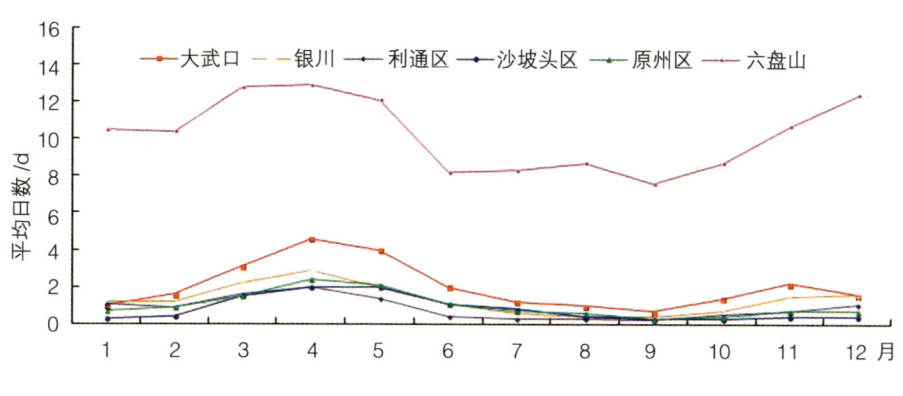

图2-2-7　宁夏代表站大风日数的月变化

　　最大风速和极大风速，总体上春季、冬季大于夏秋季节，春季最多，秋季最少。大部分地区各月最大风速都在15 m/s 以上，极大风速在20 m/s 以上（详见图2-2-8、图2-2-9）。

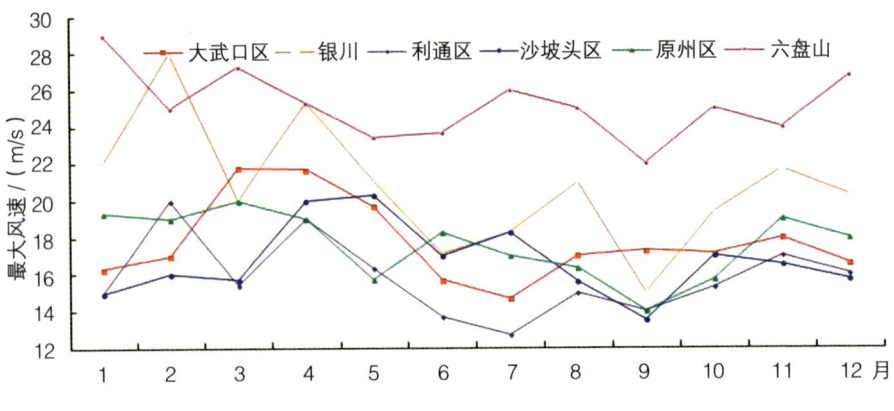

图2-2-8　宁夏代表站最大风速的月变化

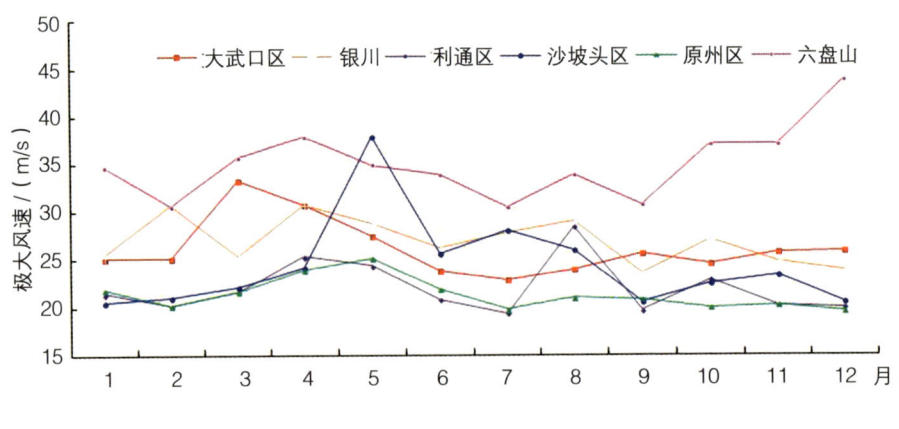

图2-2-9　宁夏代表站极大风速的月变化

2.3　典型风灾事件

大风对铁路、民航、公路运输和建筑设施、电力输送等会产生较大影响，造成安全隐患。

1971年3—5月，宁夏区域性大风和沙暴天气达17～20 d。由于风多，加剧了土壤蒸发，使旱情加重。海原县兴仁公社县办农场年内出现大风（8级以上）有80多天，历史罕见。石嘴山市国营简泉农场9月21日7～8级大风造成粮食损失10万余斤。

1983年4月27—29日，宁夏全区出现了罕见的大风沙尘暴天气，沙尘暴持续时间12～24 h，能见度一般在20 m以内，同心站能见度只有2 m。石嘴山、青铜峡、同心、海原、兴仁、大武口，阵风风力均达12级，平罗、沙坡头区、中宁、固原阵风风力达11级，除泾源平均风力为8级外，其余地区均达9～10级，造成全区死亡14人，失踪3人，受伤46人；工业、农业、牧业、交通运输、建筑、煤炭等行业损失重大，其中农作物受灾面积全区约13.3万公顷。

1993年宁夏全年共发生大风、沙尘暴灾害2次，均造成了严重的损失。其中，4月20—23日全区出现了持续性的大风天气及沙暴天气，平均风速20 m/s，原银北地区（辖石嘴山市和平罗、陶乐、贺兰3县）受灾较为严重。农业方面，惠农、陶乐、贺兰、中宁等地受风沙埋压小麦、胡麻、玉米、西瓜、甜菜等580公顷；被风刮飞地膜约440公顷。大风造成有色金属冶炼厂部分车间停产2～3 d，石嘴山市电化厂，石嘴山矿务局616线路，大武口洗煤厂、卫东矿、大峰矿、沟口变电所等单位供水或供电中断。5月5日，一场罕见的大风沙尘暴再次袭击了宁夏大部分地区，中卫、青铜峡、灵武、盐池、石嘴山市等地共计死亡人数30人，伤18人，失踪4人，直接经济损失1670多万元。

1995年5月16日，宁夏同心以北出现大风、沙尘暴天气，原银北地区受灾最重。据不完全统计，此次共造成1人受伤，2人失踪，直接经济损失约

275万元。

2002年，石嘴山市惠农区和平罗县出现大风、沙尘暴天气，共造成农作物受灾1703.3公顷，直接经济损失达523.05万元。

2010年，宁夏全区共出现大风沙尘天气过程20次，局地沙尘暴15站次，均出现在春季3月，造成7.52万人受灾，农作物受灾面积6300公顷，6235座温棚不同程度受损，直接经济损失1.3亿元。其中，3月19日贺兰、灵武、青铜峡、同心、盐池、韦州、沙坡头、中宁、海原、兴仁、彭阳最大瞬时风力达8～9级，大武口、平罗、麻黄山达10级，六盘山、惠农达12级。由于风力过大，持续时间长，农业、电力等部门遭受了一定的损失，银川沿街部分广告牌被大风吹破。

第3章 架空输电线路大风故障特征

3.1 总体情况

自2005年至2017年2月，宁夏石嘴山地区输电线路因强风故障跳闸39次。

按电压等级统计：35 kV 线路6次、110 kV 线路20次、220 kV 线路13次。

按风害类型统计：风偏跳闸13次，占总体比例的33.3%；异物短路20次，占总体比例的51.3%；大风倒塔6次，占总体比例的15.4%，倒塔共计10基。详细情况见表3-1-1、表3-1-2。

表 3-1-1　2005—2017 年宁夏石嘴山地区线路风害故障类型统计

年份	风偏跳闸		异物短路		大风倒塔		总计次数
	次数	占比	次数	占比	次数	占比	
2005 年	1	100%	0	0	0	0	1
2006 年	0	0	1	100%	0	0	1
2007 年	0	0	2	100%	0	0	2
2008 年	0	0	2	67%	1	33%	3
2009 年	1	20%	4	80%	0	0	5
2010 年	5	62.5%	3	37.5%	0	0	8
2011 年	1	100%	0	0	0	0	1
2012 年	1	50%	1	50%	0	0	2

年份	风偏跳闸		异物短路		大风倒塔		总计次数
	次数	占比	次数	占比	次数	占比	
2013 年	0	0	2	100%	0	0	2
2014 年	0	0	1	100%	0	0	1
2015 年	2	28%	3	44%	3	28%	8
2016 年	1	33%	0	0	2	67%	3
2017 年	1	50%	1	50%	0	0	2
合计	13		20		6		39

表 3-1-2　2005—2017 年宁夏石嘴山地区线路风害各电压等级线路故障统计

年份	电压等级	风偏		风吹异物		倒塔		总计次数
		次数	占比	次数	占比	次数	占比	
2005 年	220 kV	1	100%	0	0	0	0	1
2006 年	220 kV	0	0	1	100%	0	0	1
2007 年	110 kV	0	0	2	100%	0	0	2
2008 年	110 kV	0	0	2	100%	0	0	2
	35 kV	0	0	0	0	1	100%	1
2009 年	110 kV	0	0	3	100%	0	0	3
	35 kV	1	50%	1	50%	0	0	2
2010 年	220 kV	3	75%	1	25%	0	0	4
	110 kV	2	50%	2	50%	0	0	4
2011 年	220 kV	1	100%	0	0	0	0	1
2012 年	220 kV	1	100%	0	0	0	0	1
	110 kV	0	0	1	100%	0	0	1

续表

年份	电压等级	风偏		风吹异物		倒塔		总计次数
		次数	占比	次数	占比	次数	占比	
2013 年	110 kV	0	0	1	100%	0	0	1
	35 kV	0	0	1	100%	0	0	1
	110 kV	0	0	1	100%	0	0	1
2015 年	220 kV	1	50%	0	0	1	50%	2
	110 kV	1	20%	3	60%	1	20%	5
	35 kV	0	0	0	0	1	100%	1
2016 年	220 kV	1	100%	0	0	0	0	1
	110 kV	0	0	0	0	1	100%	1
	35 kV	0	0	0	0	1	100%	1
2017 年	220 kV	1	50%	1	50%	0	0	2
合计		13		20		6		39

3.2　主要特征

3.2.1　地理特征

2005—2017年，宁夏石嘴山地区输电线路因风偏跳闸共计13次，其中发生在潮湖村1次，隆湖二站1次；发生在燕子墩乡2次；发生在红果子镇至220 kV靖安变至220 kV正谊变沿线9次。如图3-2-1所示。

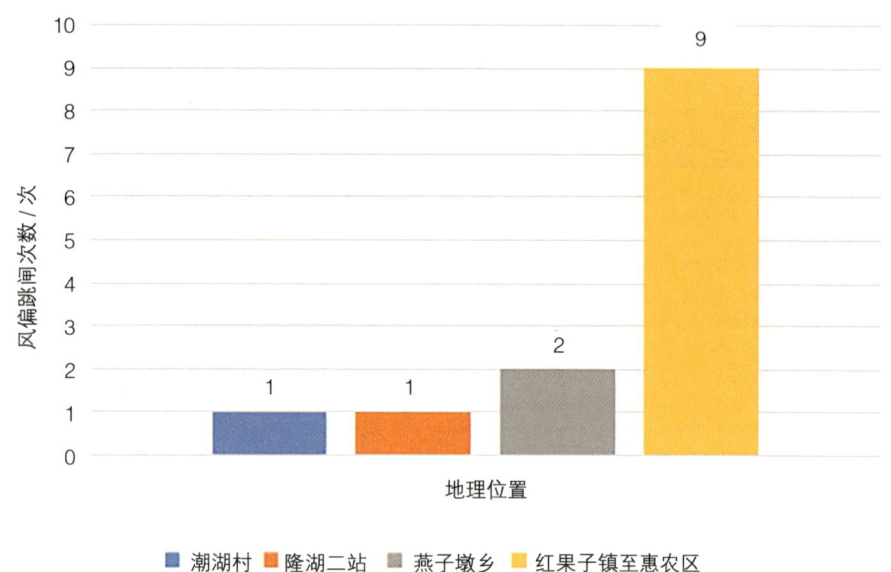

图3-2-1　风偏跳闸发生地点

　　强风引起线路跳闸集中区域主要为汝箕沟沟口至惠农区正谊220 kV 变电站沿贺兰山东麓山风口地带。此区域电力线路西侧临近贺兰山，东侧为平原地形。根据气象数据和现场观测，强风均由西北风引起，和该地区常年主导风向一致。西侧贺兰山由于地形起伏，形成多个两侧高、中间低的山谷垭口地形，当出现强劲西北风气流时，发生强风的杆塔正处于山谷垭口地形开口的风口位置，距离贺兰山山脚2～3 km，形成大风微地形区域。由于气象监测站位置原因，风口处输电线路发生故障时的风速比气象台监测的风速要大。

　　强风风害主要集中在红果子镇至220 kV 靖安变至220 kV 正谊变沿线区域内，其中受到影响的220 kV 输电线路主要有220 kV 石靖甲、乙、丙线，220 kV 正兰甲、乙线，220 kV 惠靖甲、乙线。其中，220 kV 正兰甲线26#～41# 杆塔、220 kV 正兰乙线26#～41# 杆塔、220 kV 石靖甲线38#～46#

杆塔、220 kV 石靖乙、丙线35# ~ 49# 杆塔处于风害严重地段；220 kV 惠靖甲、乙线27# ~ 29# 处于风害地区边缘。具体情况见表3-2-1。

表 3-2-1 微地形风口处 220 kV 输电线路分布情况

序号	电压等级	线路名称	回路	大致涵盖杆塔数量	主要影响杆塔数量	直线杆塔	耐张杆塔
1	220 kV	正兰甲线	单回路	23 基	15 基	18 基	5 基
2	220 kV	正兰乙线	单回路	24 基	15 基	19 基	5 基
3	220 kV	石靖甲线	单回路	25 基	8 基	19 基	6 基
4	220 kV	石靖乙、丙线	双回路	26 基	14 基	20 基	6 基
5	220 kV	惠靖甲、乙线	双回路	20 基	2 基	17 基	3 基

3.2.2 风速特征

3.2.2.1 气象站风速数据

输电线路发生大风故障后，气象服务中心对故障当天瞬时极大风速进行数据收集并分析，发现在故障时刻监测点均测得超过20 m/s的强风，而且靖安变附近集中发生风害跳闸线路位置与邻近气象监测点位置还有5~8 km距离，临近气象监测点位于惠农区尾闸镇及燕子墩乡罗家园子附近，处于山下平原地区，建筑群较为密集，风力摩擦系数较大，而线路位于空旷的山坡戈壁中，实际风速要高于监测点测得风速；通过气象数据收集分析还发现，随着全球厄尔尼诺现象的日益加剧，极端天气越来越频繁，近年来强风越来越多且瞬时极大风速也越来越高。近年来监测到的极大风速出现在2015年9月30日，实测到极大风速为36.5 m/s。统计中20 m/s以上风速出现时间及地点如表3-2-2所示。

表 3-2-2　事故时气象站风速数据

序号	故障日期	故障时气象站监测到的风速	故障点最近气象站	备注
1	2010 年 4 月 25 日	28.0 m/s	燕子墩乡罗家园子	
2	2010 年 11 月 20 日	23.3 m/s	潮湖村站点	
3	2010 年 12 月 7 日	25.9 m/s	燕子墩乡罗家园子	
4	2010 年 12 月 29 日	22.0 m/s	燕子墩乡罗家园子	
5	2011 年 4 月 29 日	26.0 m/s	潮湖村站点	
6	2012 年 11 月 2 日	28.0 m/s	燕子墩乡罗家园子	
7	2014 年 4 月 24 日	20.7 m/s	燕子墩乡罗家园子	
8	2015 年 9 月 30 日	36.5 m/s	燕子墩乡罗家园子	
9	2016 年 10 月 4 日	32.2 m/s	惠农区尾闸镇	
10	2017 年 1 月 25 日	28.8 m/s	燕子墩乡罗家园子	

3.2.2.2　强风发生时段风速和设计风速

输电线路发生故障对应时段，气象站监测到的风速10次中有7次接近设计风速，3次超设计风速，如表3-2-3所示。

表 3-2-3　强风发生时段风速和设计风速统计表

序号	故障日期	故障时气象站监测到的风速	设计最大风速	线路名称	投用时间
1	2010 年 4 月 25 日	28.0 m/s	30 m/s	220 kV 平惠乙线	2005 年 8 月 18 日
2	2010 年 11 月 20 日	23.3 m/s	30 m/s	220 kV 武常甲线	1987 年 12 月 18 日

续 表

序号	故障日期	故障时气象站监测到的风速	设计最大风速	线路名称	投用时间
3	2010 年 12 月 7 日	25.9 m/s	30 m/s	220 kV 石惠甲线	2002 年 10 月 27 日
4	2010 年 12 月 29 日	22.0 m/s	30 m/s	220 kV 步兰乙线	2010 年 8 月 12 日
5	2011 年 4 月 29 日	26.0 m/s	30 m/s	220 kV 武常甲线	1987 年 12 月 18 日
6	2012 年 11 月 2 日	28.0 m/s	30 m/s	220 kV 平惠乙线	2003 年 4 月 18 日
7	2014 年 4 月 24 日	20.7 m/s	30 m/s	110 kV 兰大乙线 220 kV 步兰甲线	2010 年 10 月 29 日 2012 年 2 月 27 日
8	2015 年 9 月 30 日	36.5 m/s	27 m/s	110 kV 谊旌线 35 kV 明特线	2013 年 2013 年
9	2016 年 10 月 4 日	32.2 m/s	30 m/s	220 kV 惠靖甲线 35 kV 明盛线 35 kV 明铁线	2002 年 10 月 27 日 2013 年 10 月 31 日
10	2017 年 1 月 25 日	28.8 m/s	30 m/s	220 kV 石靖甲线 220 kV 正兰乙线	2013 年 7 月 20 日 2010 年 6 月 17 日

3.2.3 季节特征

2005—2017年，按照风偏跳闸发生的月份统计分析，1月发生风偏跳闸1次，3月发生风偏跳闸3次，4月发生风偏跳闸2次，7月发生风偏跳闸1次，9月发生风偏跳闸3次，10月发生风偏跳闸1次，11月发生风偏跳闸1次，12月发生风偏跳闸1次，如图3-2-2所示。上述统计结果表明，风偏跳闸主要发生在3—4月和9月，正是石嘴山地区大风天气最多的春秋两季。石嘴山地区属于典型温带大陆性气候，上述月份为季节交替，容易产生极端天气。

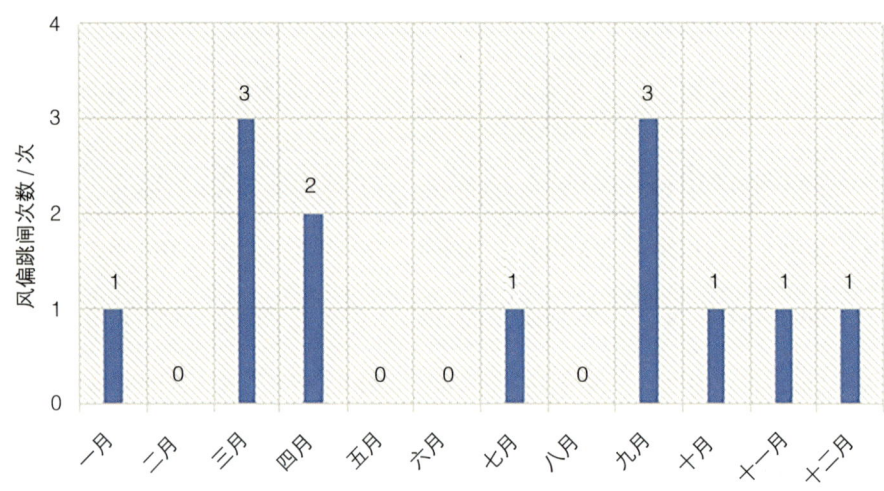

图3-2-2　2005—2017年风偏跳闸次数统计

3.2.4　杆塔特征

2005—2017年，经统计直线塔发生风偏跳闸8次，占总次数的61%；耐张塔发生风偏跳闸4次，占总次数的30%。上述结果表明，用于架空线路直线段的直线塔，其导线用悬垂线夹、针式或支柱式绝缘子悬挂，受风的张力影响更大，在同等风力、杆塔结构条件下更易发生风害故障。直线塔为悬垂串大风作用下发生摆动与塔身（拉线）电气间隙不足放电，耐张塔为引流线在大风作用下发生摆动对塔身电气间隙不足放电，直线塔和耐张塔放电位置如图3-2-3所示。大风倒塔事故照片如图3-2-4所示。

图3-2-3 直线塔、耐张塔放电位置示意图

（a）220 kV 步兰甲线57# 倒塔　　　　　（b）110 kV 靖镁线11# 倒塔

（c）35 kV 明盛、明铁线2# 倒塔　　　　（d）110 kV 靖湵线11# 倒塔

（e）220 kV 石靖甲线48# 倒塔　　　　（f）220 kV 石靖甲线49# 倒塔

图3-2-4　宁夏石嘴山地区典型直线塔倒塔照片

第4章 宁夏石嘴山微地形、微气象区风场特性研究

4.1 石嘴山地区整体区域风场特性研究

4.1.1 气象站数据调研及处理

4.1.1.1 气象站位置

调研收集到宁夏地区主要气象站地理位置，具体经纬度见表4-1-1。

表 4-1-1 宁夏地区主要气象站地理位置

气象站	北纬	东经
惠农站	39° 13′	106° 46′
平罗站	38° 54′	106° 33′
石炭井站	39° 16′	106° 20′
陶乐站	38° 54′	106° 33′
同心站	36° 59′	105° 54′
麻黄山站	37° 10	107° 07′
六盘山站	35° 40′	106° 12′

惠农气象站和平罗站距离石嘴山风口区域较近，选取它们测得的风速数据进行计算模型正确性的验证。

4.1.1.2　气象站风速数据

电力线路经常发生事故年份前后时间段惠农气象站和平罗气象站统计的年日常风速数据，见图4-1-1。

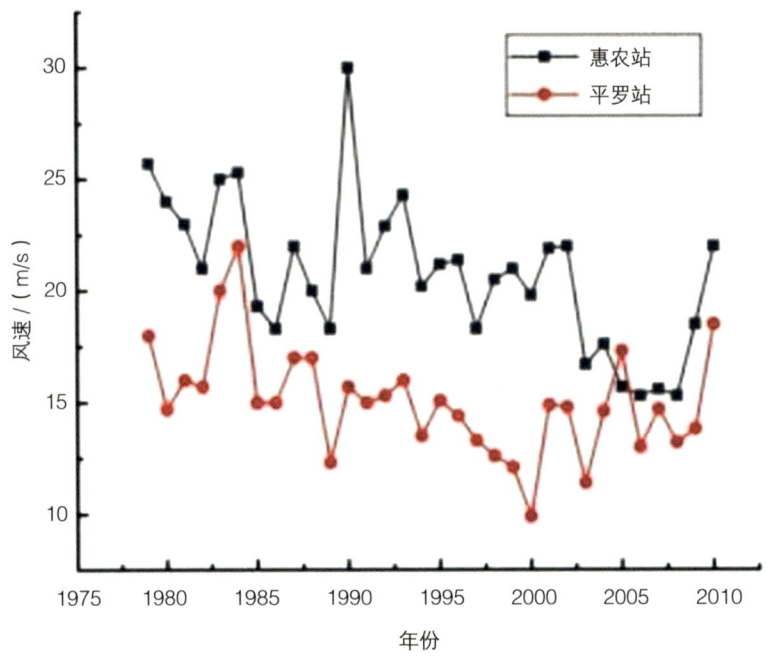

图4-1-1　惠农气象站和平罗气象站年日常风速数据

从图得出，年最大风速呈波动状态，不稳定，惠农气象站处的风速平均值高于平罗站处的风速平均值。这些数据为年最大风速且无明显变化规律，不能直接用于研究当中，需要用数学方法加以处理后估算年风速最大值的情况。

4.1.1.3　气象站风速数据处理

通过计算，惠农气象站、平罗气象站年最大风速分布率见表4-1-2和表4-1-3。

表 4-1-2 惠农气象站年最大风速分布律

X	15 ~ 16	16 ~ 17	17 ~ 18	18 ~ 19	19 ~ 20	20 ~ 21	21 ~ 22
Pk	0.125	0.031 25	0.031 25	0.125	0.093 75	0.156 25	0.187 5
X	22 ~ 23	23 ~ 24	24 ~ 25	25 ~ 26	/	29 ~ 30	
Pk	0.062 5	0.031 25	0.062 5	0.062 5	/	0.031 25	

表 4-1-3 平罗气象站年最大风速分布律

X	9 ~ 10	/	11 ~ 12	12 ~ 13	13 ~ 14	14 ~ 15	15 ~ 16
Pk	0.031 25	/	0.031 25	0.125	0.125	0.281 25	0.187 5
X	16 ~ 17	17 ~ 18	18 ~ 19	19 ~ 20	/	21 ~ 22	/
Pk	0.062 5	0.062 5	0.031 25	0.031 25	/	0.031 25	/

惠农气象站最大风速的期望值为20.6 m/s，平罗气象站年最大风速的期望值为16.6 m/s。

4.1.2 石嘴山地区整体区域计算模型

利用 Solidworks 三维建模软件，对石嘴山地区坐标、高程数据进行处理，得到石嘴山整体区域山地模型。

通过中国气象局管网对石嘴山区域的风速、风向进行记录统计，得出方向范围与竖直方向呈40°～60°。风向与竖直方向夹角越大，吹入到输电线路所在区域的风越多，风速越大。考虑最大风速切入角度60°进行模拟计算，贺兰山入口风速取24.5 m/s（10 m 高度）时，惠农气象站最大风速的期望值达到20.6 m/s，平罗气象站年最大风速的期望值达到16.6 m/s。

4.2 石嘴山地区微地形区域风场特性研究

4.2.1 石嘴山地区微地形区域风场特性

选取经常因强风引起线路跳闸的集中区域，主要以从汝箕沟沟口至惠农区正谊关沿贺兰山东麓山风口地带的地形为研究对象。地形图见图4-2-1所示。山地中存在诸多垭口型微地形。

图4-2-1 风害事故集中区域及垭口型微地形

此区域的风速明显高于其他区域，从地形图可以看出流风跨越山脉，穿过垭口型微地形区域后，风速得到提升。

4.2.2　微地形参数化模型

通过对垭口微地形建模计算，图4-2-2为垭口型微地形示意图。其中，Z 为测量点离山体或地面表面的距离，H 为山峰最大高度，L 为两山峰的间距，R 为山峰的半径。风垂直于剖面吹入，当气流经过两山包时候会被加速。输电线路建于垭口型微地形的风场中时，线路设计必须考虑微地形导致的风场变化对风荷载的影响。

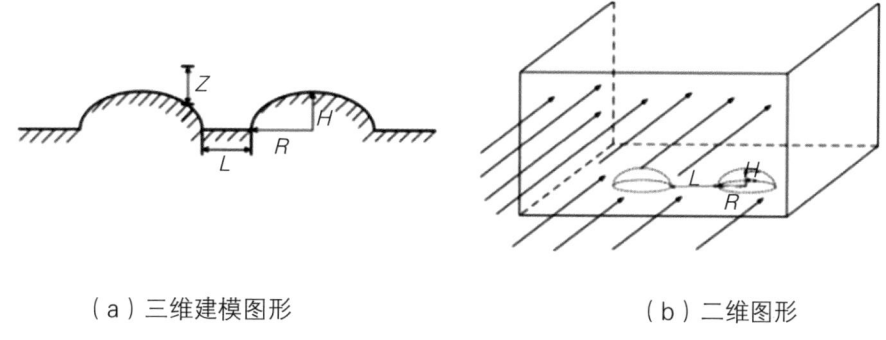

（a）三维建模图形　　　　　　　　　　　（b）二维图形

图4-2-2　垭口型微地形示意图

垭口型微地形三维建模图见图4-2-3。采用数值模拟软件 ANSYS ICEM CFD 对计算模型进行网格剖分，A 面为过两山峰直径的面，B 面为平分 L 且垂直于 A 的面。用 ANSYS Fluent 对垭口型微地形风场内风速分布规律进行数值计算。模型的建立采用参数化建模，通过改变垭口型微地形的地形参数得到不同尺寸的垭口型微地形模型。取不同的山谷宽度与山体半径之比（L/R）及不同的山体坡度（山体高度与山体半径之比，H/R），离地高度 Z 取输电铁塔呼高，可确定垭口型微地形地形参数与风速修正系数的关系。

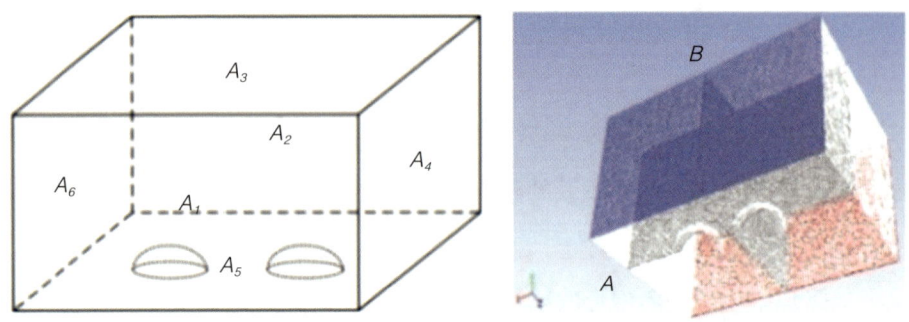

图4-2-3　垭口型微地形三维建模图

4.2.3　计算结果分析

从图4-2-4中可以看出，风在跨越垭口型微地形时，在山顶处和山谷处风速受垭口型微地形影响很大。

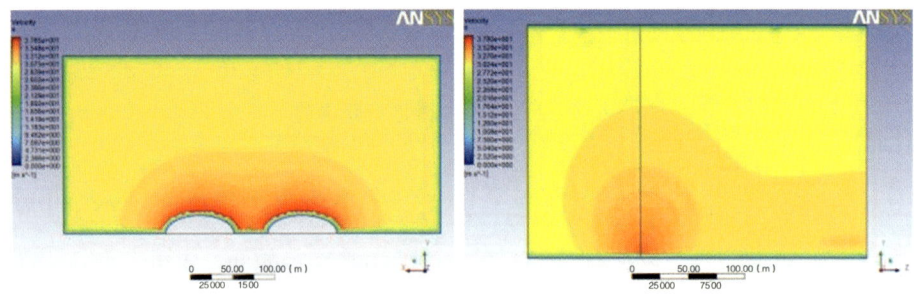

图4-2-4　风速等值云图

4.2.3.1　风速修正系数曲线图

对位于山顶和山谷的风速变化（测点风速与来流风速的比值 U_p/U_0）随相对高度（Z/H）的变化进行统计，得到图4-2-5的曲线。

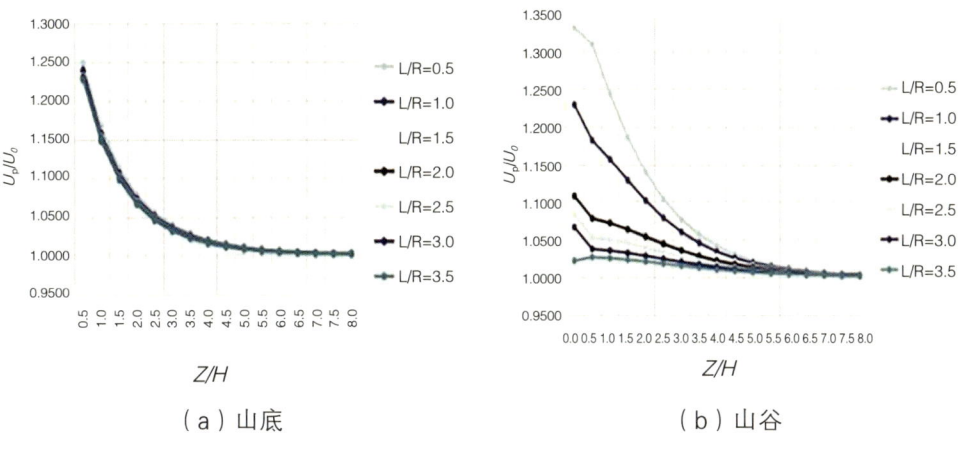

（a）山底　　　　　　　　　　　　（b）山谷

图4-2-5　风速变化图

如图4-2-5所示，不论是山顶还是山谷，随着高度的增加，风速变化（U_p/U_0）逐渐减小，并趋于1。在山顶，尤其在接近山顶地面处，风速显著增大，但加速效果不随两山体间距的变化而变化，故考虑垭口型微地形山顶处风速规律时，可将其视为单体山丘微地形研究。在山谷接近地面处风速也有显著增大，并且随着两山体间距的增大，加速效果下降，当两山体间距与山体半径之比（L/R）超过3.5时，加速效果基本消失。

4.2.3.2　影响风速修正系数的地形参数临界值

用不同的山谷宽度与山体半径之比（L/R）及不同的山体坡度（山体高度与山体半径之比，H/R），离地高度 Z 取输电铁塔呼高，得到的垭口型微地形地形参数与风速修正系数的关系见表4-2-1。

表 4-2-1　垭口型微地形参数化风速修正系数

H/R＼L/R	0.5	1.0	1.5	2.0	2.5	3.0	3.5
0.1	1.05	1.03	1.02	1.01	1.01	1.01	1.00
0.2	1.12	1.07	1.04	1.03	1.02	1.02	1.00

H/R \ L/R	0.5	1.0	1.5	2.0	2.5	3.0	3.5
0.3	1.19	1.10	1.07	1.05	1.03	1.02	1.01
0.4	1.26	1.13	1.10	1.06	1.04	1.03	1.02
0.5	1.35	1.17	1.12	1.08	1.05	1.04	1.03

4.3 小结

（1）将石嘴山整体区域风场计算结果与通过收集资料得到的惠农气象站、平罗气象站年风速数据期望进行对比，验证了风场模型的正确性，总结规划出整体区域的风速修正系数分布云图，为今后该区域架空线路的设计提供有意义的参考。

（2）宁夏石嘴山地区微地形区域为垭口型微地形，来流风跨越山脉，穿过该微地形后，风速得到提升，最大达31.13 m/s。在山体正后方，由于遮挡效应，风速又呈现减速状态，最低风速为26.35 m/s。

（3）垭口型微地形对局部范围内的风速分布有影响，山顶和山谷处的风速较来流风速有明显的增大，风吹过垭口型微地形后呈现反"弓"形效应，即山谷正后方风速较来流风速有明显增大，而山体正后方的风速较来流风速不增反减，且距离山体越远的位置，反"弓"形效应越不明显。

（4）在山顶，尤其在接近山顶地面处，风速显著增大，两山体山顶加速效果不受两山体间距变化的影响；在山谷处，风速显著增大，并且随着两山体间距的增大而增大。

第5章 差异化防治策略

5.1 预防措施

5.1.1 防风偏跳闸

5.1.1.1 设计环节防风偏管理要求

（1）动态更新宁夏回族自治区风区分布图和使用导则。

运维单位应积累风速监测数据，根据风速数据和运行经验，动态更新《国家电网公司电网风区分布图》，为输电线路防风设计提供技术基础数据支撑。

（2）确定设计风速。

新建线路设计时，设计单位要加强对风速数据的收集，尤其加强对线路所经区域的气象及导线风偏的观测，记录、收集有关气象资料（特别是瞬时风的数据），以及导线发生风偏故障的规律和特点。通过对所得资料的汇总、分析并结合运行经验，制定相应的防范措施。

对于强风地区、微地形微气象区域以及发生过风偏跳闸、倒塔等风灾事故的地区，设计风速取值时应进行专题论证。

（3）严格执行防风设计标准和反措。

新建线路设计时要严格执行防风设计标准，严格按照电力公司制定的防风技术反措。

（4）设计评审严格把关。

线路进行设计评审时严格按照防风设计标准和反事故措施要求进行审查。

（5）工程验收严格把关。

运维单位要把好线路工程验收关，严格执行线路验收标准，特别对大档距导线周边构建物应进行风偏校验，加强导线跳线的验收，认真检查和测试跳线松弛度和跳线与塔身净空距离情况，不合格的立即要求施工单位整改。

对于大档距、大转角、交叉跨越典型结构的新建线路杆段，施工单位在施工架线时，应严格控制导线、跳线的弧垂误差，在三级验收工作中应将大档距弧垂作为必检项目进行实际测量检查，避免线间、相间或对交跨物（线路、构建物）弧垂误差超偏。

5.1.1.2　设计环节防风偏技术要求

（1）风偏角设计重点考虑参数。

影响线路风偏角大小的主要设计参数是最大设计风速 v、风压不均匀系数 α、风速高度变化系数 μ_z 等。

a. 基本风速及重现期的选择。

确定基本风速时，应按当地气象台站10分钟时距平均的年最大风速为样本，并宜采用极值 I 型分布模型概率统计分析。统计风速样本，应取以下高度：110～1000 kV 输电线路，离地面10 m；各级电压大跨越离历年大风季节平均最低水位10 m。

110～330 kV 输电线路，基本风速不宜低于23.5 m/s；

500～1000 kV 输电线路，基本风速不宜低于27 m/s。

b. 风压不均匀系数 α 的取值。

耐张塔上跳线的 α 取值为1.0，沿海台风地区跳线应按设计风压的1.2倍进行校核。导线根据设计基本风速选取 α，按水平档距校核 α。α 具体取值见表5-1-1。

表 5-1-1　风压不均匀系数 α 随水平档距变化取值

水平档距 / m	≤ 200	250	300	350	400	450	500	≥ 550
α	0.80	0.74	0.70	0.67	0.65	0.63	0.62	0.61

c. 风压高度变化系数。

空气在地球表面流动时，由于与地面摩擦而产生摩擦力，这种摩擦力导致与地面相接近的气流方向和速度有很大变化。随着高度的增加，摩擦对风速的影响逐渐减小，因此，风速随高度而增加，在低气层中增加很快，而当高度很高时则增长逐渐减慢。从理论上看，风速沿高度的增大与地面的摩擦（粗糙程度）、地表基本风速、高度等主要因素有关。当线路杆塔高度或导、地线的平均高度不同于线路规定的基准高度10 m时，其不同高处的风速或风压应乘风速或风压高度变化系数。

表 5-1-2　线路风速高度变化系数 Kh

离地面或海平面高度 / m	地面粗糙度类别			
	A	B	C	D
5	1.04	1	0.81	0.71
10	1.13	1	0.81	0.71
15	1.19	1.06	0.81	0.71
20	1.23	1.11	0.86	0.71
30	1.29	1.18	0.94	0.71
40	1.34	1.23	1.00	0.78
50	1.37	1.27	1.05	0.83

离地面或海平面	地面粗糙度类别			
高度 / m	A	B	C	D
60	1.41	1.31	1.09	0.88
70	1.43	1.34	1.13	0.92
80	1.45	1.37	1.17	0.96
90	1.48	1.39	1.20	0.99
100	1.49	1.41	1.22	1.02
150	1.57	1.50	1.34	1.15
200	1.62	1.57	1.43	1.26
250	1.67	1.62	1.50	1.35
300	1.70	1.67	1.56	1.42
350	1.70	1.70	1.61	1.49
400	1.70	1.70	1.66	1.55
450	1.70	1.70	1.70	1060
500	1.70	1.70	1.70	1.66
≥ 550	1.70	1.70	1.70	1.70

表 5-1-3 线路风压高度变化系数 μ_z

离地面或海平面	地面粗糙度类别			
高度 /m	A	B	C	D
5	1.09	1	0.65	0.51
10	1.28	1	0.65	0.51
15	1.42	1.13	0.65	0.51

离地面或海平面高度 /m	地面粗糙度类别			
	A	B	C	D
20	1.52	1.23	0.74	0.51
30	1.67	1.39	0.88	0.51
40	1.79	1.52	1.00	0.60
50	1.89	1.62	1.11	0.69
60	1.97	1.71	1.20	0.77
70	2.05	1.79	1.28	0.84
80	2.12	1.87	1.36	0.91
90	2.18	1.93	1.43	0.98
100	2.23	2.00	1.50	1.04
150	2.46	2.25	1.79	1.33
200	2.64	2.46	2.03	1.58
250	2.78	2.63	2.24	1.81
300	2.91	2.77	2.43	2.02
350	2.91	2.91	2.60	2.22
400	2.91	2.91	2.76	2.40
450	2.91	2.91	2.91	2.58
500	2.91	2.91	2.91	2.74
≥ 550	2.91	2.91	2.91	2.91

（2）优化设计参数，提高裕度。

a. 在线路设计阶段应高度重视微地形气象资料的收集和区域的划分，根据实际的微地形环境条件合理提高局部风偏设计标准。由于750 kV及

1000 kV 线路绝缘子串更长，因此在相同的风偏角情况下带来的空气间隙减小的幅度更大。在750 kV 以及1000 kV 特高压杆塔设计中更要先做好线路所经地区气象资料的全面收集。

b. 线路设计时，应避免在面向导线侧的杆塔上安装脚钉。

c. 对新建线路，设计单位在今后的线路设计中应结合已有的运行经验，风害易发区段的线路空气间隙适当增加裕度，宜采用 V 形绝缘子串。

d. 对于新建的输电线路工程转角塔的跳线，风压不均匀系数不应小于1，同时应特别注意风向与水平面不平行时带来的影响。

（3）采取针对性的设计措施。

a. 对处于风口附近及飑线风多发的局部微气象区段杆塔，绝缘子串摇摆角校核时的风压不均匀系数取值应相应提高。

b. 在满足设计的条件下尽量缩短耐张塔引流线长度，绕跳跳线采用硬跳线或增加跳线串绝缘子并加挂重锤。

c. 330～750 kV 架空线路40°以上转角塔的外角侧跳线串应使用双串绝缘子，并加装重锤等防风偏措施；15°以内的转角内外侧均应加装跳线绝缘子串（包括重锤）。

d. 跨越下方线路时，设计要校核下方避雷线上扬的安全距离，应留有足够裕度。

e. 设计单位应尽可能减少大档距设计，如特殊地段需要大档距设计，要做好导线对本体和周围物体风偏校核。

5.1.2 防绝缘子和金具损坏

5.1.2.1 设计环节防绝缘子和金具损坏管理要求

（1）严格执行设计标准。

设计单位严格按照防风、防振设计标准和相关反措选择导线，对于风振严重区域应结合运行经验，采取相应的措施。

（2）设计评审严格把关。

运维单位线路进行设计评审时要严格按照防风、防振设计标准和技术反措要求进行审查。加强风振严重区域、重要交叉跨越塔的绝缘子和金具的强度校核。

（3）工程验收严格把关。

运维单位要把好线路工程验收关，严格执行线路验收标准。尤其金具选用国标产品，当需加工非标金具时，应通过试验确定其机械强度，在强风区采用耐磨金具及新型金具连接方式等。特别加强对风振严重区域、重要交叉跨越塔的验收审查。

5.1.2.2 设计环节防绝缘子金具损坏技术要求

（1）校核绝缘子串的风荷载

$$W_I = W_0 \mu_z B_I A_I$$

式中：

W_I——绝缘子串风荷载标准值（kN）；

W_0——基准风压标准值（kN/m²）；

A_I——绝缘子串承受风压面积计算值（m²）；

μ_z——风压高度变化系数，见表5-1-3；

B_I——覆冰时风荷载增大系数，5 mm 冰取1.1，10 mm 冰取1.2，15 mm 冰取1.3，20 mm 及以上冰取1.5～2.0。

（2）绝缘子机械强度的安全系数，不应小于表5-1-4所列数值。双联及以上的多联绝缘子串应验算断一联后的机械强度，其荷载及安全系数按断联情况考虑。

表 5-1-4　绝缘子机械强度的安全系数

情况	最大使用荷载		常年荷载	验算	断线	断联
	盘形绝缘子	棒形绝缘子				
安全系数	2.7	3.0	4.0	1.5	1.8	1.5

绝缘子机械强度的安全系数 K_I 应按下式计算

$$K_I = \frac{T_R}{T}$$

式中：

T_R——绝缘子的额定机械破坏负荷（kN）；

T——分别取绝缘子承受的最大使用荷载、断线荷载、断联荷载、验算荷载或常年荷载（kN）。

常年荷载是指年平均气温条件下绝缘子所承受的荷载。验算荷载是验算条件下绝缘子所承受的荷载。断线的气象条件是无风、有冰、−5℃，断联的气象条件是无风、无冰、−5℃。

（3）金具强度的安全系数不应小于下列规定：

①最大使用荷载情况不应小于2.5。

②断线、断联、验算情况不应小于1.5。

（4）330 kV 及以上线路的绝缘子串及金具应考虑均压和防电晕措施。有特殊要求需要另行研制或采用非标准金具时，应经试验合格后方可使用。

（5）地线绝缘时宜使用双联绝缘子串。

（6）与横担连接的第一个金具应转动灵活且受力合理，其强度应高于串内其他金具强度。

（7）330 kV 及以上输电线路悬垂 V 串两肢之间夹角的一半可比最大风偏角小5°～10°，或通过试验确定。

（8）对于直线形重要交叉跨越铁塔，包括110 kV及以上线路，铁路和高速公路，一级公路，一、二级通航河流等，应采用双悬垂绝缘子串结构，且宜采用双独立挂点；无法设置双挂点的窄横担杆塔可采用单挂点双联绝缘子串结构。

5.1.3　防振动断股和断线

5.1.3.1　设计环节防振动断股和断线管理要求

（1）严格执行设计标准。

设计单位严格按照防风、防振设计标准和相关反措选择导线，对于风振严重区域应结合运行经验，采取相应的措施。

（2）设计评审严格把关。

运维单位线路进行设计评审时严格按照防风、防振设计标准和技术反措要求进行审查。加强风振严重区以及大跨越线路区段的导线和金具强度校核。

（3）工程验收严格把关。

运维单位要把好线路工程验收关，严格执行线路验收标准，尤其加强风振严重区以及大跨越线路区段的验收。

5.1.3.2　设计环节防振动断股和断线技术要求

（1）铝钢截面比不小于4.29的钢芯铝绞线或镀锌钢绞线，其导、地线平均运行张力的上限和相应的防振措施，应符合表5-1-5的规定。如有多年运行经验时可不受表5-1-5的限制。

表 5-1-5　导、地线平均运行张力的上限和相应的防振措施

情况	平均运行张力的上限（拉断力的百分数）/%		防振措施
	钢芯铝绞线	镀锌钢绞线	
档距不超过 500 m 的开阔地区	16	12	不需要
档距不超过 500 m 的非开阔地区	18	18	不需要
档距不超过 120 m	18	18	不需要
不论档距大小	22	–	护线条
不论档距大小	25	25	防振锤（阻尼线）或另加护线条

四分裂及以上导线采用阻尼间隔棒时，档距在 500 m 及以下可不再采用其他防振措施。阻尼间隔棒宜不等距、不对称布置，导线最大次档距不宜大于 70 m，次档距宜控制在 28~35 m。

（2）对表 5-1-5 以外的导、地线，其允许平均运行张力的上限及相应的防振措施，应根据当地的运行经验确定，也可采用制造厂提供的技术资料，必要时通过试验确定。

（3）大跨越导、地线的防振措施，宜采用防振锤、阻尼线或阻尼线加防振锤方案，同时分裂导线宜采用阻尼间隔棒，具体设计方案可参考运行经验或通过试验确定。

（4）线路经过导线易发生舞动地区时应采取或预留防舞措施，具体方案可通过运行经验或通过试验确定。

（5）导、地线架设后的塑性伸长，应按制造厂提供的数据或通过试验确定，塑性伸长对弧垂的影响宜采用降温法补偿。当无资料时，镀锌钢绞线的塑性伸长可采用 1×10^{-4}，并降低温度 10 ℃补偿。钢芯铝绞线的塑性伸长

及降温值可采用表5-1-6所列数值。

表5-1-6　钢芯铝绞线的塑性伸长及降温值

铝钢截面比	塑性伸长	降温值 / ℃
4.29 ~ 4.38	3×10^{-4}	15
5.05 ~ 6.16	$3 \times 10^{-4} \sim 4 \times 10^{-4}$	15 ~ 20
7.71 ~ 7.91	$4 \times 10^{-4} \sim 5 \times 10^{-4}$	20 ~ 25
11.34 ~ 14.46	$5 \times 10^{-4} \sim 6 \times 10^{-4}$	25（或根据实验数据确定）

（6）对铝包钢绞线、大铝钢截面比的钢芯铝绞线或钢芯铝合金绞线应由制造厂家提供塑性伸长值或降温值。

5.1.4　防杆塔损坏

5.1.4.1　设计环节防杆塔损坏管理

（1）动态更新各省风区分布图和使用导则。

运维单位应积累风速监测数据，根据风速数据和运行经验，动态更新《国家电网公司电网风区分布图》，为输电线路防风设计提供技术基础数据支撑。

（2）确定设计风速。

新建线路设计时，设计单位应加强对风速数据和地形信息的收集，加强对运行线路倒塔事故资料的分析，并结合运行经验，确定设计风速。

对于强风地区、微地形微气象区域，以及发生过倒塔等风灾事故的地区应进行专题论证。

对于特殊地形、极端恶劣气象环境条件下重要输电通道宜采取差异化设计，适当提高重要线路防风设计水平。

（3）严格执行防风设计标准和反措。

新建线路设计时要严格执行防风设计标准，并严格按照公司制定的防风技术反措。

（4）设计评审严格把关。

运维单位对线路进行设计评审时要严格按照防风设计标准和技术反措要求进行审查。

（5）工程验收严格把关。

运维单位要把好线路工程验收关，严格执行线路验收标准。

对于隐蔽工程应留有影像资料，并经监理单位和运行单位质量验收合格后方可掩埋。

5.1.4.2 设计环节防杆塔损坏技术要求

（1）设计时重点考虑参数。

a. 基本风速。

设计风速参照不同电压等级线路设计风速重现期执行。基本风速重现期应符合下列规定：

①750 kV、500 kV 输电线路及其大跨越重现期应取50年。

②110～330 kV 输电线路及其大跨越重现期应取30年。

b. 杆塔结构重要性系数。

按照《建筑结构可靠性设计统一标准》（GB50068）规定，对重要的送电线路提高一个安全等级，即对110～330 kV 采用二级安全等级，重要性系数取1.0；对 ±500 kV、750 kV、1000 kV 采用一级安全等级，重要性系数取1.1。

c. 杆塔风荷载计算

$$W_S = \mu_Z \mu_S \beta_Z A_S B W_0$$

式中：

W_S——杆塔风荷载标准值（N）；

W_0——基本风压 kN/m^2；

μ_Z——风压高度变化系数；

μ_s——构件体形系数；

A_s——迎风面构件的投影面积计算值（m^2）；

B——覆冰时风荷载增大系数，5 mm 冰区取1.1，10 mm 冰区取1.2；

β_Z——杆塔风振系数。

（2）优化设计参数，提高安全裕度。

a. 应加强对沿线已建线路设计、运行情况的调查，并在初步设计文件中以单独章节对风灾调查结果予以论述。

b. 选择线路路径要在可研设计阶段利用地形图、航摄照片以及卫星图片等，应尽可能避开高山风口、严重覆冰及受狭管效应影响的强风带等，如山巅、垭口、分水岭等高差很大的"微气象点"，海拔高、粗糙度低、坡向变率大的微地形区域。实在无法避开的，要适当提高结构重要性系数，加强线路结构强度，提高线路抗风能力。

c. 对山区输电线路，宜采用统计分析和对比观测等方法，由邻近地区气象台、站的气象资料推算山区的最大基本风速，并结合实际运行经验确定。如无可靠资料，宜将附近平原地区的统计值提高10%选用。

d. 线路通过山区，宜沿山体向阳坡走线，经过水库、湖泊应选择当地主导风向上风侧走线。

e. 线路通过开阔地带时，尽可能减小线路走向与本地主要风向夹角，一般宜小于45°。

f. 确定大跨越基本风速，如无可靠资料，宜将附近陆上输电线路的风速统计值换算到跨越处历年大风季节平均最低水位以上10 m 处，并增加10%，然后考虑水面影响再增加10%后选用。大跨越基本风速不应低于相连接的陆上输电线路的基本风速。必要时还宜按稀有风速条件进行验算。

5.2　治理措施

5.2.1　防风偏跳闸

5.2.1.1　导线对杆塔构件放电治理措施

（1）直线塔导线风偏治理措施。

a. 导线悬垂串加挂重锤。

对于不满足风偏校验条件的直线塔，为施工方便，可考虑采用加装重锤的方式以抑制导线风偏，提高间隙裕度。对于一般不满足条件的直线塔，可直接在原单联悬垂串上加挂重锤，配重的选取应经设计院校核。

图5-2-1　杆塔悬垂串加装重锤片

加挂重锤治理方法优点是施工方便、成本低，但阻止风偏效果较小。

b. 单联悬垂 I 串改双联悬垂 I 串或 V 串。

对于情况较严重的直线塔，可将原单联悬垂 I 串改为双联悬垂 I 串，并分别在每支串上再加装重锤，效果可以达到单联串加装重锤方案的2倍。对于只有一个导线挂点直线塔，可将原横担导线挂孔改造成双挂孔。

图5-2-2　双挂点双联悬垂 I 串

对于直线塔绝缘子风偏故障，可以将单联悬垂 I 串改为双联 V 串；处于大风区段的输电线路直线塔中相绝缘子，可采取 VI 串设计。

图5-2-3　750 kV 线路铁塔中相 VI 串设计及风偏情况

c.加装导线防风拉线。

通过在导线线夹处加装平行挂板，连接绝缘子后用钢绞线侧拉至地面，起到在大风时固定杆塔导线风偏的作用。

　　针对水泥单杆，在迎风侧中相导线采用对横担侧拉方法，边相导线采取"八"字对地侧拉方法，将拉线下端固定在电杆四方拉线上。对于水泥双杆，在迎风侧中相导线采取横向对电杆侧拉方法，边相导线采取加长横担侧拉方法。对于直线塔，在中相一般侧拉至铁塔横担处，如遇拉 V 塔，则固定至地面。同塔双回直线塔可在设计阶段采取增加底相横担方法固定拉线。

　　此类控制导线风偏的方法普遍适用于无人大风区，并且安装维护方便简单，防范措施较好。但是在加装地面导线防风拉线不适用于城镇居民集聚区和车辆行驶较为频繁的区域，还应注意采取防风拉线的防盗、防松措施。

图5-2-4　水泥单、双杆导线防风拉线

图5-2-5　单、双回路直线塔导线防风拉线

图5-2-6　导线防风拉线安装现场

d. 加装支柱式防风偏绝缘子。

支柱式防风偏绝缘子与悬挂的导线绝缘子呈30°或90°角安装,是防风偏

线路改造重要措施之一。支柱式防风偏绝缘子与悬挂的导线绝缘子成30° 或90° 角安装，虽然能防止风偏，抑制舞动，且不会对塔头有影响，但风力特大的时候会对悬挂导线的绝缘子与防风偏绝缘子连接端产生硬碰硬的损伤，所以需在支柱式防风偏绝缘子上端加装反相位缓冲阻尼器。当风力向塔型内侧迎面吹时，反相位缓冲阻尼器弹性阻尼原理会吸收和释放一部分风力。当风力达到高潮时，反相位缓冲阻尼器产生反弹力，当风力向塔型外侧迎面吹时，反相位缓冲阻尼器弹性阻尼原理会吸收和释放一部分风力。当风力达到高潮时，反相位缓冲阻尼器产生反相位拉力，抑制风摆，消振抑振，吸收和释放能量，能有效防止风偏和舞动现象。所以支柱式防风偏绝缘子与反相位缓冲阻尼器组合应用，能有效抑制风摆，消振吸振，确保线路安全运行。

图5-2-7　支柱式防风偏绝缘子

e. 外延横担侧拉导线。

外延横担侧拉导线的技术手段替代传统的侧拉线，主要方法是在电杆上加长迎风侧横担，使导线绝缘子与侧拉绝缘子形成三角形，受力均匀，这种新技术极大地提高了导线防风能力，见图5-2-9。

f. 加装斜拉式防风偏绝缘拉索。

本方案的拉索包括绝缘棒体和两端连接金具。棒体包括伞裙和棒芯，棒体表层是绝缘伞裙，伞裙为硅橡胶复合材料。棒芯位于伞裙内，棒芯为环氧树脂玻璃引拔棒。高压端金具用于和塔身连接，连接安装时，只需在塔身上打孔，安装常用配套连接金具即可，操作方便。

图5-2-8　防风偏绝缘子

图5-2-9　外延横担侧拉导线

g. 复合横担改造。

复合绝缘横担采用水平布置，提高了风偏闪络电压，并取消或缩短悬挂绝缘子串，具备防风性能，且质量轻，强度高，韧性好，方便施工。利用复合绝缘横担仅更换主体结构完好的杆塔上配套的横担，有助于降低线路改造成本。

复合绝缘横担用在输电杆塔上的研究、开发及应用属美国最早，技术也最成熟。我国起步相对较晚。美国于1954年就已经将复合绝缘横担杆塔安装在高浓度盐雾的夏威夷岛上。1993—1995年，美国相应复合材料企业制定了相关的复合横担及杆塔机械和电气标准，其复合横担有两种结构，中低电压采用复合绝缘横担绝缘子，而中高电压等级的横担采用复合材料方管加悬垂绝缘子串或双C字型复合材料横担加悬垂绝缘子串。同期日本建成一条同塔四回154 kV高压线路，在上部两回使用绝缘横担，用以解决风偏闪络问题；迪拜率先采用绝缘横担在420 kV输电线路上实现了线路走廊的缩减，目前各国已经制定了符合本国的复合材料相关应用标准。

国内自2009年开始，国家电网基建部组织开展了复合材料杆塔及相应绝缘横担应用研究，主要有单横担单拉杆、双横担单拉杆和双横担双拉杆等结构。同时多家国网省公司、设计院、科研院所及生产制造单位积极参与配合，高压复合材料横担研究成果已在国内多个省、市线路中得到试点应用，在材料选型、结构设计、电气及防雷设计、压缩输电线路走廊等方面取得一定的进展。

（a）山东35 kV复合横担 （b）江苏110 kV复合横担 （c）福建110 kV复合横担

（d）辽宁220 kV 复合横担　（e）湖北500 kV 复合横担　（f）新疆750 kV 复合横担

图5-2-10　不同电压等级和型式复合横担应用

（2）耐张塔跳引线风偏治理措施。

a. 加装跳线重锤。

重锤适用于直线杆塔悬垂绝缘子和耐张塔跳线的加重，防止悬垂绝缘子串风偏上扬和减小跳线的风偏角，见下图。

图5-2-11　加装引流线重锤

b. 跳线串单串改双串

对于不满足校验条件的耐张塔跳线串，或单回老旧"干"字形耐张塔单支绝缘子跳线风偏的治理，可将单串改为双 I 串或"八"字串，防止跳线或跳线支撑管风摆后放电，见下图。

图5-2-12　单 I 跳线串

图5-2-13　单 I 串改双 I 串或"八"字串

对于220 kV 单回老旧"干"字形耐张塔单支绝缘子绕跳风偏，可采用双绝缘子串加装支撑管改造，并检查支撑管两侧跳线松弛度，给以收紧。采用"中相双跳串软跳线"或"中相双跳串支撑管"的改造措施，见图5-2-14和图5-2-15。

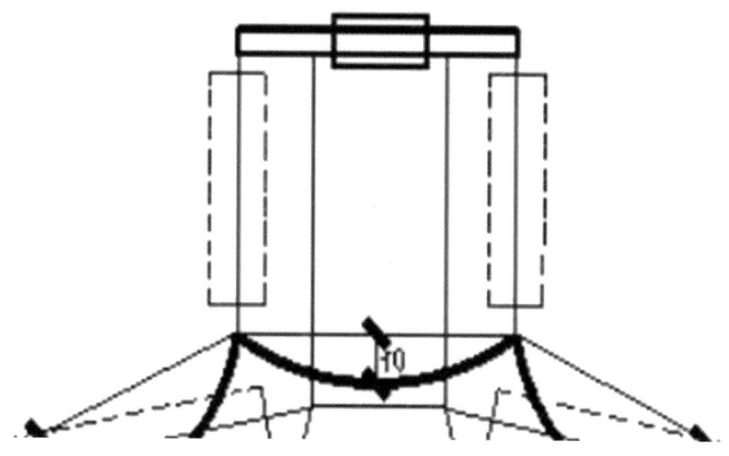

图5-2-14　双跳 I 串软跳线连接示意图

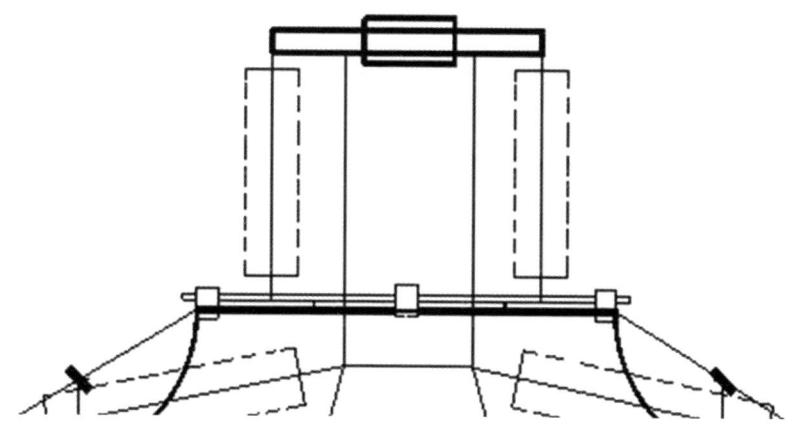

图5-2-15　双跳 I 串支撑管连接示意图

c.采用"三线分拉式"绝缘子串。

"三线分拉式"绝缘子串适用于单回路老旧"干"字形耐张塔单支绝缘子绕跳风偏治理。

采用"三线分拉式"治理后的绕跳线串与杆塔、绝缘子、金具、导线各部件的最小距离及对杆塔和对导线的最小组合间隙符合规程要求，且连接情况牢固，可有效解决支撑管与杆塔单点连接受侧向风作用时引起支撑管前后旋转的问题，见下图。

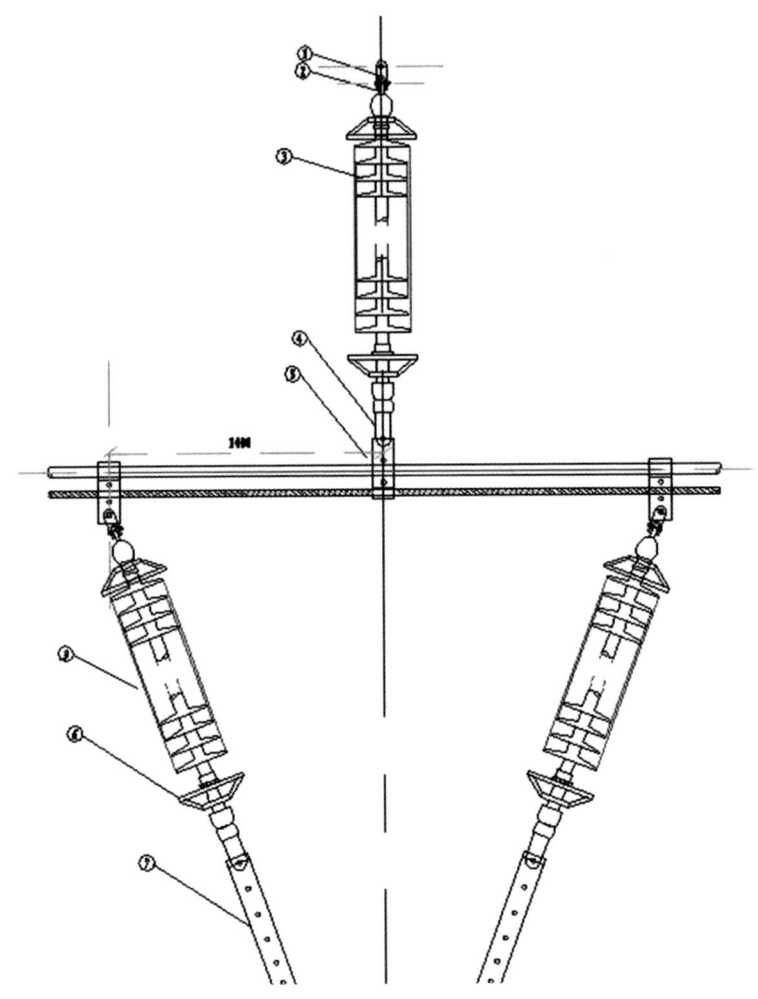

图5-2-16 "三线分拉式"绝缘子串施工图

d. 耐张塔引流线加装防风小"T"接。

通过在引流线两端加装附属引流线，降低原引流线的摆动范围，同时增加了引流线接头的通流能力，防止在线路大负荷运行时接头发热。此外，加

图5-2-17 采用"三线分拉式"治理后的绕跳线串与杆塔

装防风小"T"接还能分解耐张塔引流线长期风偏摆动与压接管接口处的受力,解决了引流线与压接管接口处出现的断股情况。

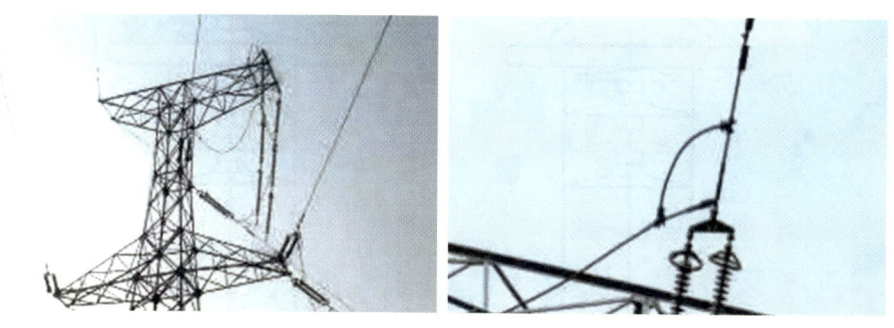

图5-2-18 耐张塔引流线加装防风小"T"接

e. 加装固定式垂直防风偏绝缘子。

防风偏绝缘子适用于高压输电线路耐张塔硬跳线使用,能有效防止跳线风偏和导线随风舞动,保证引流线与地电位之间的绝缘距离,有效降低线路风偏故障率。但是此措施需要线路巡视人员定期对绝缘子连接金具进行检查,防止松动脱落。见图5-2-19。

图5-2-19　耐张塔引流加装固定防风偏绝缘子

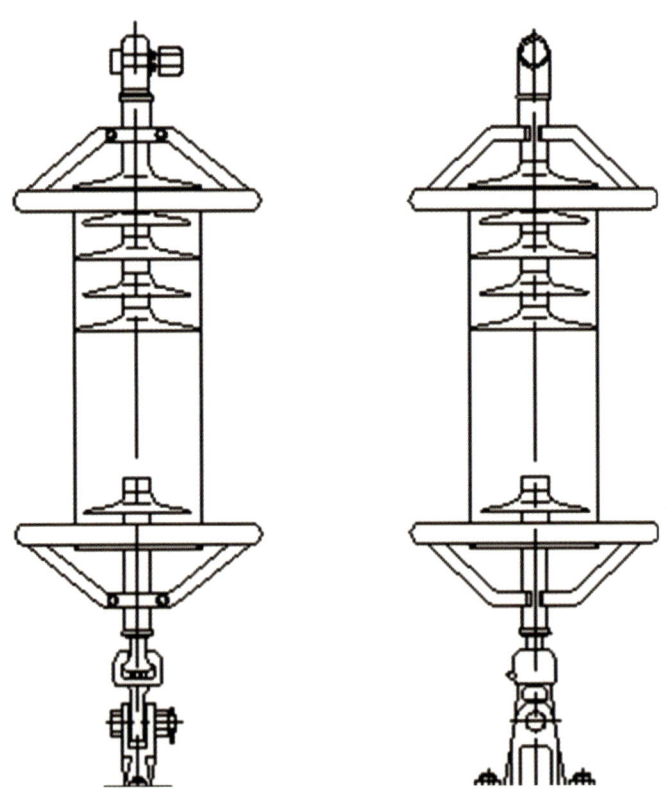

图5-2-20　固定式垂直防风偏绝缘子串图

这种新型跳线防风偏复合绝缘子将传统产品的安装方式由"铰链式"改为"悬臂式"，由摆动变为硬支撑，使跳线串由"动"改为"静"，因此有效限制了跳线的摆动，从而保证了跳线对塔身的电气间隙，有效解决了跳线绝缘子风偏闪络的难题。与常规防风偏绝缘子相比，优化了端部连接金具，增强芯棒强度，连接方便，产品偏转小。但使用时应注意：此防风偏绝缘子用于500 kV线路时，由于瓷棒较长，应考虑增加芯棒内径并进行整塔强度核算；必要时可考虑采用导线相间间隔棒辅助此方案。

5.2.1.2　导、地线线间放电治理措施

导地线线间放电治理措施主要有减小档距、加装相间间隔棒、调整线路弧垂、改造塔头间隙等。

（1）对同杆架设双回线大档距不同风摆治理措施。

对同杆架设双回线大档距进行弧垂实测并校核风偏相间安全距离，对导线型号规格不一的更换成同一导线。

（2）对线路终端塔导线由垂直转水平排列相间安全距离治理措施。

对松弛的导线收紧，调整线路弧垂，对垂直转水平交叉处相间静空距离进行校核，不满足要求的安装合成绝缘相间间隔棒固定，防止风偏，或原双分裂导线更换为单根大截面导线，以增加相间距离。

（3）导线跨越下方地线和耦合地线（防雷设施）防止风吹上扬治理措施。

对沿海地区用于防雷的耦合地线进行拆除；对大档距有交跨的档位进行安全距离校核，进行压低改造、减小档距或调整线路弧垂等。

5.2.1.3　导线对周围物体放电治理措施

对于导线对周围物体放电的治理，应校核导线或跳线的风偏角以及与周围物体的间隙距离，不满足校验条件的应对周围物体（树木等）进行清理，保证导线与周围物体的安全距离。

5.2.2 防绝缘子和金具损坏

5.2.2.1 金具磨损和断裂治理措施

（1）改变金具结构。

将地线或光缆挂点金具"环—环"连接方式改为直角挂板连接方式，并使用高强度耐磨金具，见下图。

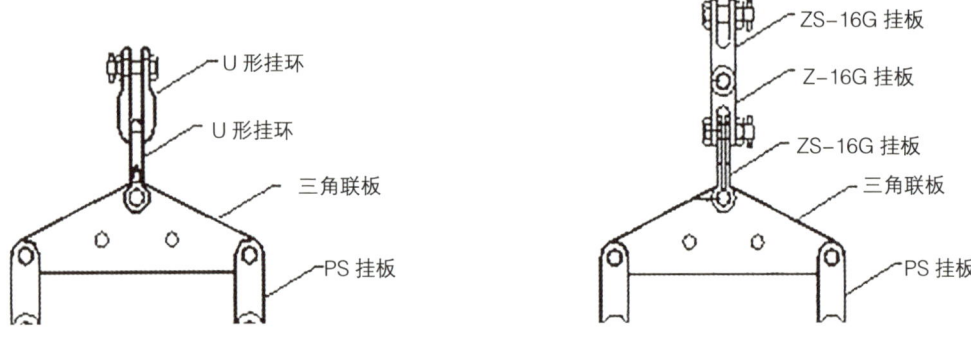

图5-2-21 大风区域线路光缆金具设计更新方案

（2）将磨损型间隔棒更换为阻尼式加厚型间隔棒，见图5-2-22。

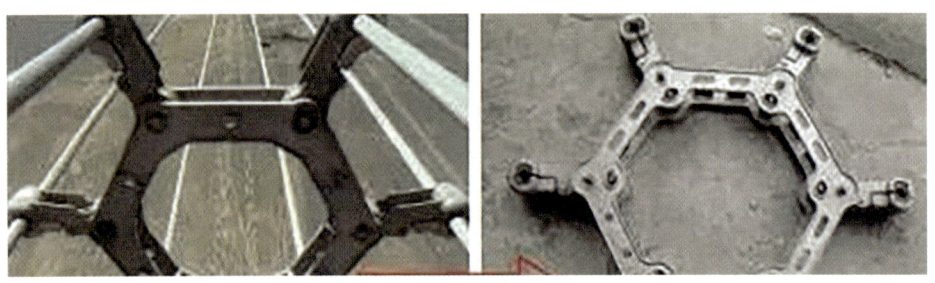

图5-2-22 大风区域线路导线间隔棒更换设计

（3）对已磨损的耐张塔引流线进行更换，并加装小引流处理，安装导线耐磨护套（内层为绝缘材质，外层包裹碳纤维外壳的导线耐磨护套），见图5-2-23。

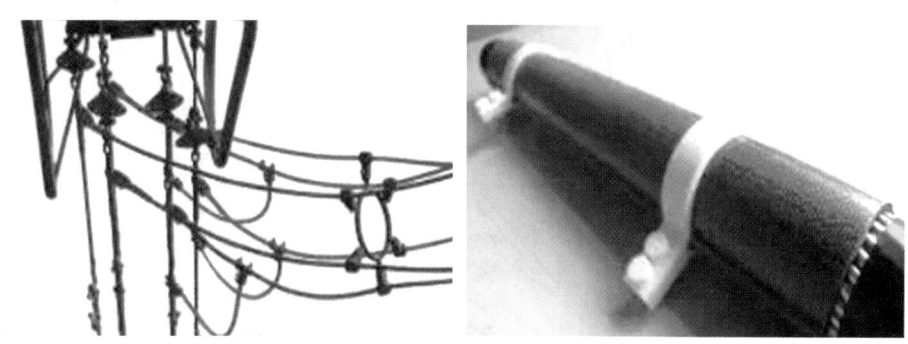

图5-2-23　耐张引流更换并加装小引流和护套图

（4）对断裂的金具进行校核，对于强度不够的单串金具，更换为双串金具，增大金具强度。

5.2.2.2　绝缘子掉（断）串治理措施

（1）V串掉串故障多发生在球碗连接部位，在大风作用下，迎风侧一相导线的背风侧复合绝缘子受挤压，引起R销变形、球头受损。对V串复合绝缘子可加装碗头防脱抱箍，防止复合绝缘子下端球头与碗头挂板脱开，防止掉串事故，见下图。

（2）对于新建线路中相V串复合绝缘子采用"环—环"连接方式，可有效避免绝缘子掉串问题。

（3）处于大风区域的输电线路直线塔中相复合绝缘子采取VI串设计，边相采取了加装防风闪三脚架措施。

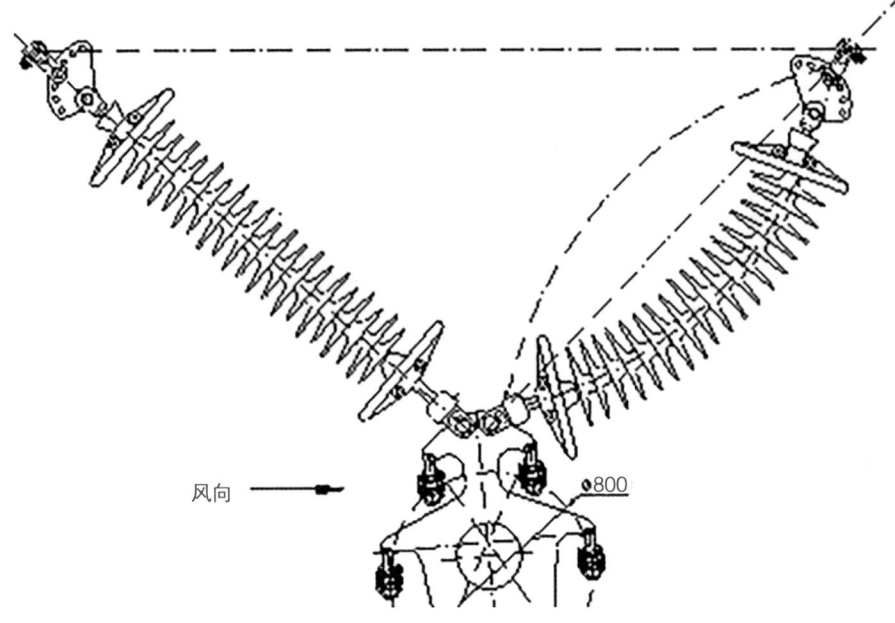

风向

φ800

图5-2-24 V形绝缘子串横向风受力分析及加装的防脱抱箍整体图

5.2.2.3 缘子伞裙破损治理措施

采用抗风型或小伞径复合绝缘子，但应兼顾防鸟防冰问题，见下图。

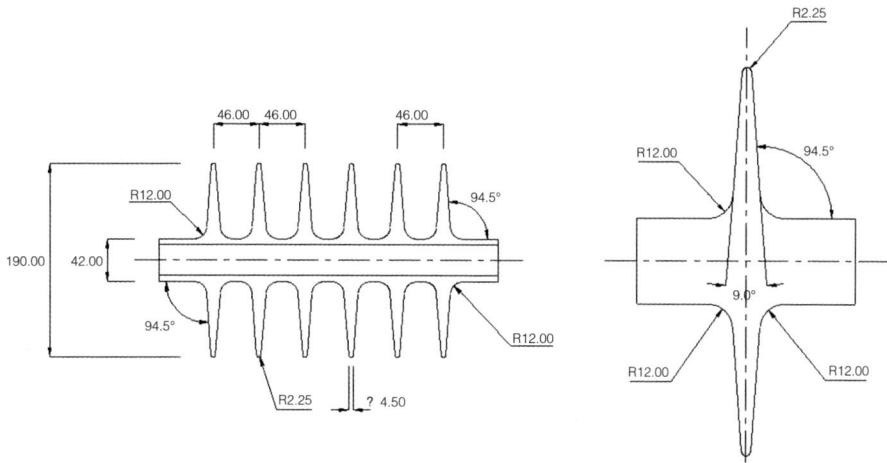

图5-2-25 等径伞形绝缘子

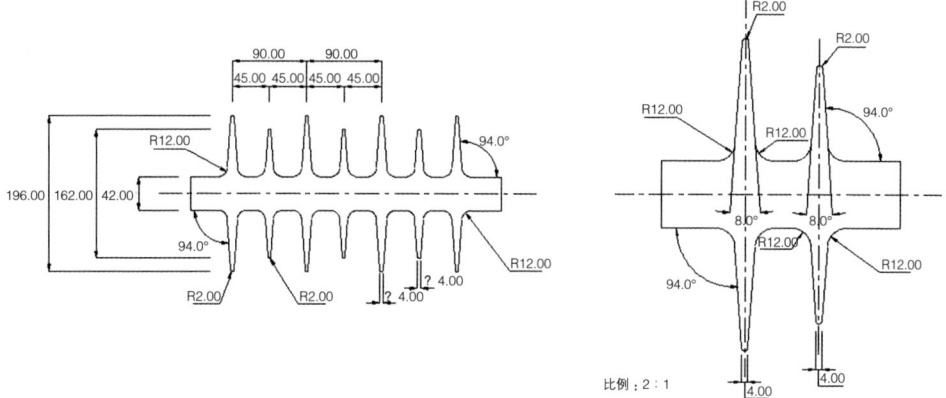

图5-2-26 非等径伞形绝缘子

5.2.3 防振动断股和断线

输电线路导、地线断股、断线的主要原因是微风振动。长期的振动会造成疲劳破坏与磨损，由其引起的线路事故需要有一个累积时间和过程。针对微风振动引起的断股断线事故应安装合适的金具进行治理，例如防振锤、护线条、阻尼线、预绞式金具等。

5.2.3.1 加装防振锤

防振锤能够吸收导线微风振动的能量。当输电线发生振动时，防振锤上下运动，重锤的惯性运动使钢绞线产生内摩擦消耗振动能量。在不同的振动频率下，防振锤消耗能量的大小取决于重锤的形状和大小以及防振锤整体的几何形状。见图5-2-27。

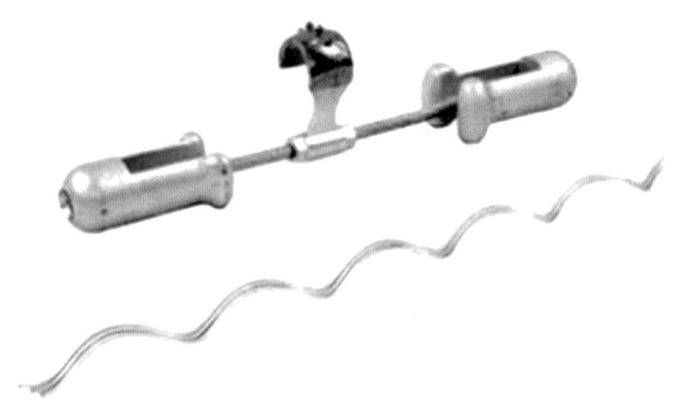

图5-2-27 预绞式防振锤

（1）防振锤安装数量。

单、双根导、地线安装数量。档距两端安装防振锤个数与档距长度和导、地线直径有关，一般安装个数按表5-2-1进行选择。

表 5-2-1 单、双根导、地线防振锤安装数量

电线外径 /mm	档距 /mm	防振锤个数 / 个
D < 12	≤ 300	1
	300 ~ 600	2
	600 ~ 900	3
12 ≤ D ≤ 22	≤ 350	1
	350 ~ 700	2
	700 ~ 1000	3
22 < D < 37.1	≤ 450	1
	450 ~ 800	2
	800 ~ 1200	3

（2）分裂导线防振锤安装数量。分裂导线由于间隔棒的存在，使整档导线分成一系列次档距，微风振动的幅值在不同次档距内有明显差别。安装在档距端部的防振锤，在单线情况下，可对整档导线起阻尼作用，但在多分裂导线情况下，不能或很少对整档导线起阻尼作用。它主要对安装侧的次档距内振动起阻尼作用，档内间隔棒（无论阻尼或非阻尼式）及子导线间对风力引起振动的相互抑制和阻尼都会使各次档距内的振动强度减少。根据有关单位测试结果可知：在档距相同时，采用间隔棒的双分裂导线比单导线的振动强度降低50%；四分裂导线又比双分裂导线的振动强度减少50%。所以规程规定：四分裂导线采用阻尼间隔棒时，档距在500 m 及以下不采用其他防振措施。

5.2.3.2 加装阻尼线

阻尼线（见图5-2-28）又称防振线，它是用与被保护导、地线相同或接近规格的导、地线，按花边状悬挂在悬垂线夹两侧或耐张线夹出口处的被保护导、地线的侧上，"花边"在悬垂线夹处悬挂形式分在线夹处固定和不在线夹处固定两种，如图5-2-29所示。阻尼线是通过各结点与导、地线连接，当导、地线受风力作用发生振动时，固定在导、地线上的阻尼线本身也随之

振动，此时阻尼线股间产生一定摩擦，消耗了部分的振动能量；另外一些振动能量以振动波形式，通过阻尼线与导地线连接点发生反复折射，由档距内传到线夹附近的振动波和振动能量被阻尼线逐步消耗掉。

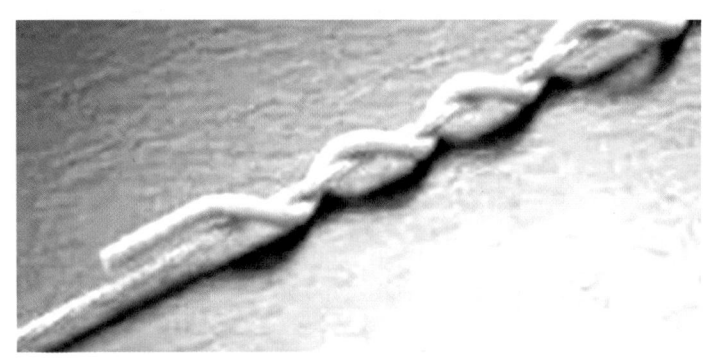

图5-2-28　阻尼线

根据运行经验和模拟试验证明：在高频振动情况下（即风速接近上限值时），阻尼线的防振动性能优于防振锤，所以常在大跨越档和个别振动特别严重地段采用安装阻尼线措施，减少振动的危害；但在低频振动情况下（即风速接近下限值时），防振效果不够理想，出现过阻尼线最外侧结点处发生导、地线断股情况，因此，采用阻尼线和防振锤联合保护的方式（如图5-2-30所示），让两种消振装置的作用取长补短。

5.2.3.3　加装护线条

设计规范规定：钢芯铝绞线平均运行张力为其拉断力的18％～22％时，导线应采用安装护线条措施，以达到防止或减少振动的危害。护线条采用高强度、弹性好的铝合金制作，为安装方便，护线条与导线规格相配套进行生产。护线条能加强导线在线夹附近的机械强度和刚性，从而抑制导线振动和弯曲，提高导线耐振能力。

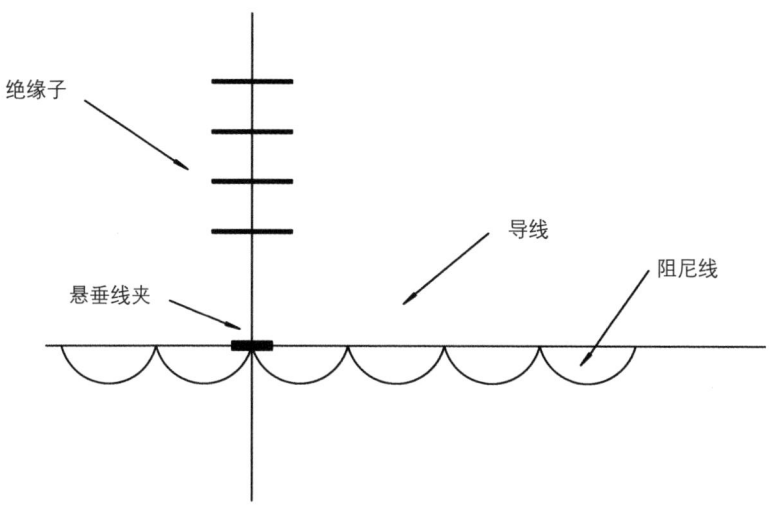

（a）阻尼线在线夹固定

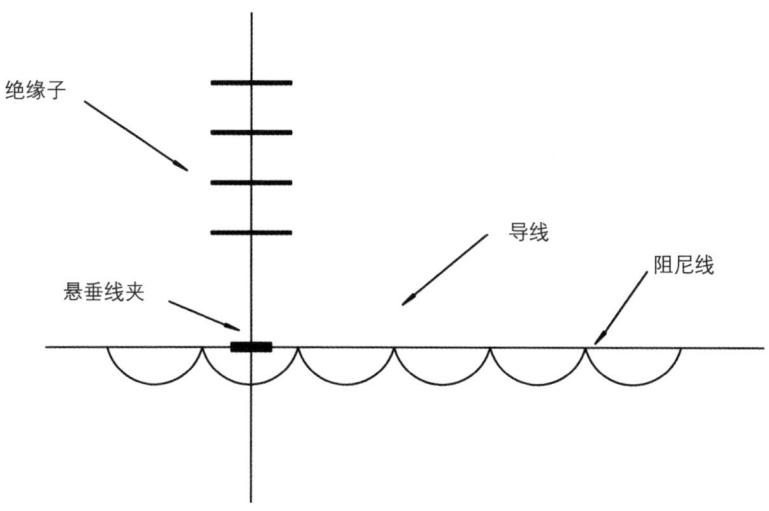

（b）阻尼线不在线夹固定

图5-2-29　阻尼线安装示意图

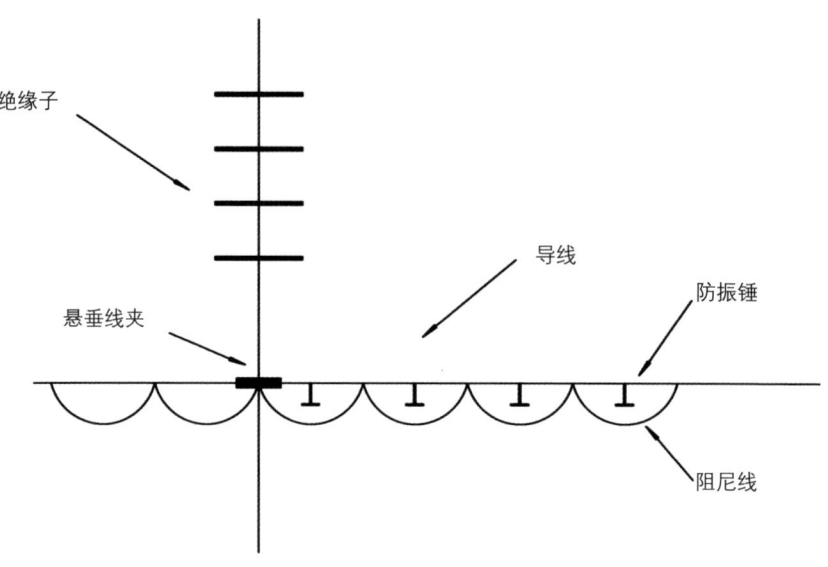

防振锤安装在花边内

图5-2-30　防振锤和阻尼线联合防振示意图

5.3.3.4　加装阻尼间隔棒

在分裂导线中，一般安装间隔棒防止导线相互鞭击损伤。间隔棒分阻尼型和非阻尼型两种，穿过平原、沼泽地、丘陵及横跨河流、湖泊、海峡等平坦开阔地区的分裂导线输电线路，应安装阻尼型间隔棒，以增强输电线路自阻尼作用，降低振动对导线的危害。为了使各个次档距的振动频率不同，互相干扰，从而达到减弱或消除振动的危害，阻尼型间隔棒应采用不等距安装。

5.2.3.5　降低导、地线的平均运行张力

实践证明：导、地线的平均运行张力增大，会使导、地线阻尼作用下降，致使导、地线发生疲劳断股故障。设计规范对导、地线防振措施作出了相关规定：导、地线平均运行张力对振动影响很大，若运行中出现严重振动时，可根据现场实际情况，采取增加杆塔数、减小档距等措施降低导、地线的平均张力，以减少振动带来的危害。

5.2.4 防杆塔损坏

5.2.4.1 杆塔整体加固

对于处在大风区的水泥杆，为防止风蚀，可在杆体9 m以下迎风侧安装钢板，并且钢板加装双帽。铁塔全部关键部位包铁加装防松（盗）螺母，辅材安装弹簧垫片，见图5-2-31。

5.2.4.2 高强度建筑结构胶粘接钢材补强

高强度建筑结构胶粘接钢材补强主要包括粘钢补强和碳纤维加固两种，可防止水泥杆抱箍锈蚀后强度降低。高强度建筑结构胶和高强度补强材料必须具有防腐性能，由于粘接剂和清理除锈后的塔材结合紧密，可以做到无隙粘接，和空气隔绝，在补强的同时也具有防腐作用。

图5-2-31 杆塔整体加固整体图

图5-2-32　杆塔整体加固局部图

5.2.4.3　加装杆塔防风拉线

为平衡杆塔受到的外部荷载作用力，提高杆塔强度，可以为强风地区杆塔加装防风拉线，有效保证杆塔不发生倾斜和倒塔。同时，可以减少杆塔材料消耗量，降低线路造价。

拉线宜采用镀锌钢绞线，其截面不应小于25 mm²。拉线棒的直径不应小于16 mm，且应采用热镀锌。

5.2.4.4　更换杆塔

更换强度更高的杆塔是输电线路倒塔治理的根本措施。应根据倒塔事故情况和设计资料对杆塔强度进行校核，选择防风水平更强的杆塔类型和结构。

第6章 典型案例分析

6.1 某220kV线路大风倒塔故障

6.1.1 故障情况概述

2021年11月6日0时55分，某220kV线路C相差动保护动作，166毫秒后转为A、B、C三相差动保护动作，开关跳闸。故障未造成负荷损失。经全力抢修，于11月8日恢复运行。

6.1.2 故障线路基本情况

故障塔号为48#、49#，铁塔发生倒塔事故。倒塔现场照片如图6-1-1所示。220kV线路路径大致平行贺兰山走向，平均海拔高度为1156m，地形为戈壁滩。线路西侧为贺兰山，山体南北走向，东侧为黄河冲积平原，温带大陆性气候。

表6-1-1 故障区段基本情况

起始塔号	终止塔号	投运时间	线路全长/km	故障区段长度/km
47#	50#	2013年7月20日	15.670	1.013
设计风速/（m/s）	故障塔号	故障塔型	呼高/m	转角度数/°
27（见图6-1-2）	48#、49#	2B4-ZM1	21	0

导线型号	地线型号
2×JL/G1A–400/35–48/7 钢芯铝绞线	JL40–100 铝包钢绞线；24 芯 OPGW 光缆

图6-1-1　220 kV 线路48#、49# 铁塔倒塔照片

2.4　交通运输

　　本工程线路位于已有线路走廊附近，有巡线道路可以利用，且惠农地区公路和乡间土路较多，交通条件较好，施工、运行较方便。

2.5　主要交叉跨越

　　本体工程交叉跨越共 52 次，其中 220 kV 线路 4 次、110 kV 线路 9 次、10 kV 线路 11 次、高速公路 1 次、公路/进站道路 3 次、通讯线 4 次、公墓 1 次、地下光缆 1 次、坟地 8 次、防洪堤 2 次、地下管道 1 次、天然气管道 1 次、绿化带 2 次、铁丝网 4 次。

　　改造工程交叉跨越共 21 次，其中 110 kV 线路 2 次、公路 1 次、10 kV 线路 7 次、通信线 2 次、地下光缆 5 次、天然气管道 3 次、绿化带 1 次。

3.　机电部分

3.1　气象条件

　　根据本工程初步设计及审查意见，主要气象参数组合如下：

主要设计气象参数组合

序号	情况	温度℃	风速（m/s）	冰厚（mm）
1	最低气温	–30	0	0
2	平均气温	10	0	0
3	基本风速	–5	27	0
4	覆冰	–5	10	5（10）
5	最高气温	+40	0	0
6	安装	–15	10	0
7	外过电压	10	10	0
8	内过电压	10	15	0
9	雷电日	30		
10	冰的密度	0.9g/cm³		

* 括号内冰厚数值用于地线荷载计算。

图6-1-2　220 kV 故障线路竣工图设计说明

6.1.3 故障原因分析

6.1.3.1 故障时段天气情况

220 kV 故障线路48#、49# 铁塔折弯。当地气象服务中心提供故障点最近气象观测站2020年11月6日1时实测风速极大值为39.4 m/s（瞬时值），风力等级12级。此风速为当地自1960年有气象记录以来最大值。

6.1.3.2 故障地域地理位置

故障点西侧为贺兰山，距离山脚约2 km。贺兰山由北向南依次为略低于2200 m 大头山山峰，连绵至2200 m 傲包梁山峰，1800 m 鞍子山山峰。傲包梁山峰西侧是山谷地，东侧形成三座小峡谷，峡谷延伸方向与线路走线垂直。

西北风在向东南方向移动过程中受到敖包峰和大头峰阻挡，部分绕过山峰沿山坡继续向前，部分爬升通过山峰后下山过程沿1号、2号、3号峡谷分流向前，风向发生变化。峡谷效应使得风力加强。据相关研究得出，峡谷效应平地风速增幅30%～50%。流过峡谷后支流风相互叠加，风速进一步加大。故障铁塔48#、49# 正处于大风叠加中心前进方向，同时位于谷地顶部，见图6-1-3。

6.1.3.3 故障铁塔承载力校验情况

（1）通用设计2B4-ZM1、2B4-ZM2承载力满足要求。

2B4-ZM1在基本风速29 m/s、覆冰5 mm 气象条件下，杆塔承载力基本满足使用要求，但塔腿和斜材受力达到极限。

2B4-ZM2在基本风速29 m/s、覆冰5 mm 气象条件下，杆塔承载力满足使用要求。

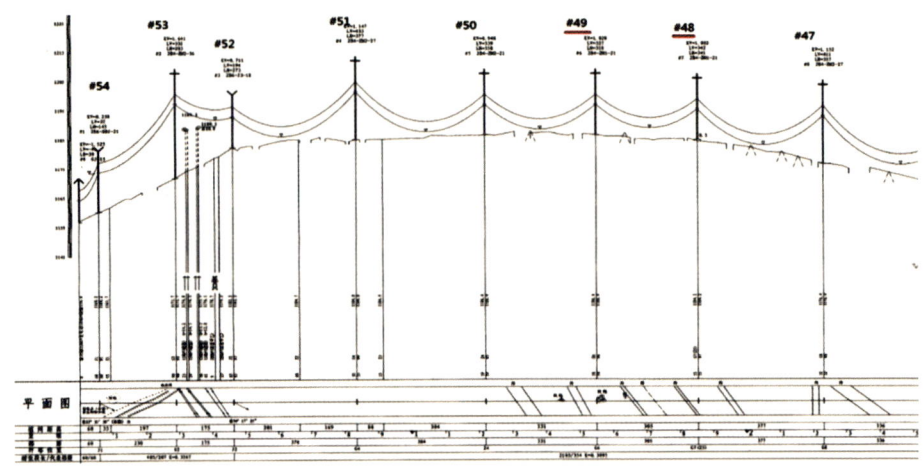

图6-1-3　故障区段平断面设计图

表 6-1-2　故障 220 kV 线路 46# ～ 52# 耐张段塔

杆塔号	46#	47#	48#	49#	50#	51#	52#
塔型	J1	ZM2	ZM1	ZM1	ZM2	ZM2	J3

（2）原工程杆塔使用情况满足通用设计使用条件，经验算后承载力满足使用要求。

（3）从风速递进分析结果发现，随着风速的提高，塔腿首先达到极限承载力，接着塔身中部主材达到极限承载力。杆塔薄弱部位与现场杆塔破坏位置比较接近。按理论分析结果，48# 杆塔应先于49# 杆塔破坏，49# 杆塔用于塔身主材已接近极限承载力，在48# 杆塔折弯后引起的导地线冲击荷载作用下49# 杆塔也随之折弯。

（4）从风向上看，90°大风为铁塔折弯主要诱因，其次为60°大风。

6.1.3.4　故障塔材质检测情况

电科院对故障塔材进行外观、力学性能、化学成分、尺寸以及锌层厚度等项目检测。检测报告中数据均符合相关规定要求。

6.1.3.5 铁塔折损情况

故障铁塔48#、49# 倒向相同，折弯方向与线路走向垂直，为远离贺兰山侧（与当日大风风向一致），其中48# 为塔腿折弯，49# 为塔身中部折弯，铁塔基础完好。铁塔受风力和自身重力的合力方向是水平向下。塔腿固定于基础上，塔头受力达到一定程度，塔腿部承受风力最大。

6.1.3.6 故障区域其他线路情况

故障220 kV 线路平行与其他3回220 kV 线路架设，线路设计基本风速均为27 m/s。与故障铁塔48#、49# 处于同区段内的其他220 kV 线路为水泥双杆和拉门塔，均安装拉线，属于柔性结构；ZM1型塔为自立角钢塔，属于刚性结构；抗风能力上柔性结构优于刚性结构。

6.1.3.7 综合分析

（1）故障时天气情况、地理位置信息可以确定故障点处于大风微气象区内。

（2）故障铁塔使用情况、载力校核满足要求；当基本风速超过29 m/s时，铁塔腿部和腰部承载力已不满足使用要求。

（3）塔材检测满足规定要求，铁塔无质量问题。

（4）现场情况分析，造成杆塔折弯的主要原因是遭遇局部强对流天气引起的偶然大风。

6.1.3.8 结论

风速和故障铁塔地理位置特殊，形成微气候，极端风速远超过杆塔的承载范围，极端天气是发生杆塔倒塌事故的主要原因。

6.1.4 故障暴露问题

（1）线路建设阶段，设计单位对极端天气、微气象考虑不充分。

（2）线路运行阶段，运行单位对大风区域铁塔未及时进行防风能力校核，并采取防御措施。

6.1.5 治理方案

（1）对沿贺兰山线路自立角钢塔全塔螺栓开展检查、紧固，同时补装防松螺帽。

（2）对风口处铁塔加装上风侧拉线。

（3）对故障48#、49#铁塔重新设计并重建。

（4）对相邻铁塔按最新风区风速进行抗风能力校核并加固，加固措施为加装四方拉线。

（5）远期进一步与当地气象服务中心合作，在贺兰山大风微气象区域建立风力气象监测站，搜集准确的风力数据，为大风微气象区域改造、新建工程提供更准确风速数据支持。

6.2 某220 kV 线路风偏跳闸故障

6.2.1 故障情况概述

2017年1月25日23时35分，某220 kV 线路 B、C 相故障跳闸，重合闸不成功。根据故障测距确定故障区段为42#～43# 铁塔，实际故障塔号为44# 铁塔。经运维人员逐基排查，2017年1月26日10时10分，发现44# 铁塔 B 相、C 相导线线夹、导线以及塔头曲臂塔材上有明显放电痕迹。

图6-2-1　220 kV 故障线路44# 铁塔 B 相（右）、C 相（中）线夹放电痕迹

图6-2-2　220 kV 故障线路44# 铁塔塔头曲臂、防振锤放电痕迹

6.2.2　故障线路基本情况

220 kV 线路全长 17.218 km，杆塔 54 基，位于贺兰山东麓，呈南北走向。故障铁塔 44# 型号为 ZM1，呼高 21 m，全高 28.3 m，运行环境为戈壁滩，西侧为贺兰山，东侧为平原。

表 6-2-1　故障区段基本情况

起始塔号	终止塔号	投运时间	线路全长 /km	故障区段长度 /km
42#	43#	2013 年 7 月 20 日	17.218	0.389
设计风速 /（m/s）		故障塔号	故障塔型	呼高 /m	转角度数 /°
27		44#	ZM1	21	0

导线型号	地线型号
2 × JL/G1A–400/35–48/7 钢芯铝绞线	JL40–100 铝包钢绞线；24 芯 OPGW 光缆

串形及并联串数		绝缘配合	
边相	中相	边相	中相
I 串	I 串	FXBW4–220/100（重锤式）	FXBW4–220/100（重锤式）

6.2.3　故障原因分析

6.2.3.1　故障时段天气情况

故障发生时故障区域遭遇 11 级以上瞬时大风。

6.2.3.2　故障地域地理位置

故障铁塔 44# 位于贺兰山东麓，铁塔运行环境为戈壁滩，西侧为贺兰山，东侧为平原，平原以东的黄河东岸为鄂尔多斯台地。整个地区地形为东西两侧高，中间低；南北宽，故障铁塔44#所处位置窄，直接处于风口地区，风力大于气象台发布的风力等级。

6.2.3.3 故障铁塔绝缘配合

故障铁塔44#位于e级污秽区，采用FXBW4-220/100复合绝缘子（爬电距离为6300 mm），满足运行要求，排除污闪跳闸可能性。

6.2.3.4 故障地域雷击情况

经查询雷电定位系统，故障铁塔44#所处区域无落雷，排除雷击的可能。

6.2.3.5 故障地域鸟害情况

故障铁塔44#处于戈壁滩中，环境恶劣，无鸟类活动痕迹，铁塔上无遗留鸟粪等痕迹，排除鸟害可能。

6.2.3.6 故障地域外力破坏情况

故障铁塔44#周围未发现大型机械作业和遗留漂浮物，排除外力破坏可能。

6.2.3.7 结论

故障发生时线路故障区域遭遇11级以上瞬时大风，故障铁塔44#位于贺兰山东麓，呈南北走向，大小号侧为戈壁滩，西侧为贺兰山，东侧为平原，平原以东的黄河东岸为鄂尔多斯台地。整个地区地形为东西两侧高，中间低；南北宽，故障铁塔44#所处位置窄，处于风口地区，风力比气象台发布的风力等级大，风偏导致44#铁塔B、C相导线对塔身电气安全距离不足导致跳闸。

6.2.4 故障暴露问题

（1）线路建设阶段，设计单位对极端天气、微气象考虑不充分。

（2）线路运行阶段，运行单位对大风区域铁塔未及时进行防风能力校核，并采取防御措施。

6.2.5　治理方案

（1）将44#铁塔上风侧边相绝缘子串由单 I 串改为"八"字串，增大塔身的电气间隙。中相改为 V 串，提高抗风偏能力。

（2）对44#铁塔增加防风偏线夹，加装重锤式防震锤，提高线路防风偏能力。

（3）后期加强途经该区域线路的设计图纸审核，提高线路防风偏设计条件，保证线路安全运行。

6.3　某750 kV 线路异物短路故障

6.3.1　故障情况概述

2020年6月3日12时24分，某750 kV 线路 A、B 相故障跳闸，重合闸未动作。故障测距距首端750 kV 变电站14.991 km，距终端750 kV 变电站111.2 km。当日13时27分，巡视人员到达27#、28# 杆塔之间，发现27# 塔 A 相第四间隔棒10 m 处悬挂长约5 m 塑料膜，发现地面杂草有烧伤痕迹，同时在附近发现塑料膜内夹杂有金属丝的通信光缆（约30 m）（见图6-3-1）。随后利用无人机发现750 kV 线路27# 铁塔 A、B 相导线有放电痕迹（见图6-3-2），导线、金具未损伤。

图6-3-1 故障铁塔27# 导线异物残留物

图6-3-2 故障铁塔27# 导线放电痕迹

6.3.2 故障线路基本情况

750 kV 线路全长125.589 km,杆塔263基。故障区域两端铁塔27# 塔型号为 SZ4,呼高69 m;28# 塔型号为 SZ1,呼高45 m。运行环境为平地,气候类型为温带大陆性季风气候,常年主导风向为西北风。

图6-3-3 故障现场遗留的塑料膜、通信光缆及地面烧伤的杂草

表 6-3-1 故障区段基本情况

起始塔号	终止塔号	投运时间	线路全长 /km	故障区段长度 /km
27#	28#	2015 年 8 月 4 日	125.589	1.874
设计风速 /（m/s）	故障塔号	故障塔型	呼高 /m	转角度数 /°
29	27#	SZ4	69	0
导线型号			地线型号	
6×JL/G1A-400/50-48/7 钢芯铝绞线			OPGW-150 光缆	
串形及并联串数			绝缘配合	
边相	中相	边相		中相
I 双串	I 双串	FXBW-750/210-G		FXBW-750/210-G

6.3.3　故障原因分析

6.3.3.1　故障时段天气情况

据当地气象站提供，6月3日，故障区段天气为晴，当日气温13~33℃，故障时气温32℃，西北风（线路为南北走向），线路西侧为贺兰山，东侧为黄河冲积平原，地势开阔平坦，上下层空气对流速度过快，形成气旋，造成局部地区龙卷风。

6.3.3.2　故障地域地理位置

750 kV 故障线路通道环境为村庄、农田和经济林区，有少部分养殖大棚。

听附近老乡描述，12时30分左右现场发现龙卷风从远处将塑料薄膜吹至导线，挂在上相导线不久后看见火光并伴有燃烧的黄烟，同时听到爆炸声。排查线路周边2 km 范围，发现当地老乡利用废弃的通信光缆绑扎的棚膜（图6-3-5），与故障现场残留材质相吻合。

综合上述情况，判定为异物悬挂导致故障跳闸。

6.3.3.3　故障铁塔绝缘配合

750 kV 故障线路周边环境均为村庄、农田和经济林地，无明显的污染源。排查绝缘子表面没有积污现象，加之故障时段当地天气良好，排除污闪跳闸的可能。

6.3.3.4　故障地域雷击情况

经查询雷电定位系统，故障跳闸时段前后10分钟内，750 kV 线路周边5 km 范围内无落雷点，且天气晴朗，排除雷击跳闸可能。

6.3.3.5　故障地域鸟害情况

故障区域铁塔及地面未发现大型鸟类活动迹象，考虑线路电气间隙和绝缘配置情况，排除鸟害跳闸的可能。

图6-3-4　故障区段气象及线路周边发现的龙卷风

6.3.3.6　故障地域外力破坏情况

故障区域铁塔周边地面无车辆行驶道路，且地面无任何车辆行车痕迹及

图6-3-5　750 kV 故障线路2 km 外鹅棚

施工迹象，排除机械外破的可能。

6.3.3.7 结论

750 kV 故障线路西侧为贺兰山，东侧为黄河冲积平原，地势开阔平坦，上下层空气对流速度过快，形成气旋，造成局部地区龙卷风。附近老乡目睹龙卷风将塑料膜卷至故障线路，故障现场遗留物与2 km外鹅棚内的薄膜及绑扎通信光缆相吻合。大风导致异物悬挂造成750 kV 线路跳闸。

6.3.4 治理方案

（1）对电力线路周边环境开展漂浮物源头排查，重点对附近村庄及有塑料大棚区段进行排查治理。对散落的漂浮物进行收集清理，检查防尘网、枸杞田防鸟网、塑料大棚、塑料地膜、彩钢板房等使用情况，及时进行加固或清理。

（2）时刻关注气象信息，分析线路途经区域特殊天气的分布规律，积极采取相应对策，在特殊天气时，加强输电线路的针对性巡视。

第7章　结论

（1）整理宁夏地区气象特点，重点收集贺兰山、麻黄山等区域线路风害资料，对重点区域已建线路的运维资料进行详细的调研，包括有记录或观测到但未记录的导线风偏、舞动、倒塔等资料，总结导线发生风偏等故障的规律和特点。

（2）收集区外电网防风害措施及管理经验，收集宁夏区内近年来风害案例及采取措施情况，对典型的防风害措施从机理、应用情况、取得成效等方面进行研究，从工程差异化规划设计、运维检修等方面针对性提出防风害加强措施，形成典型案例。